fräulein | ordnung

HOMEOFFICE

Besser arbeiten, freier leben

EINFACH PERFEKT ORGANISIERT BEI DER ARBEIT ZU HAUSE

Tipps · Anleitungen · Checklisten

CHRISTIAN

INHALT

Der Arbeitsplatz der Zukunft

WILLKOMMEN IM HOMEOFFICE!

Zu Hause zu bleiben, ist für viele eine neue Realität geworden. Die Zahl der Homeoffice-Arbeitsplätze ist deutlich gestiegen, auch wenn nicht jeder, der im Frühjahr 2020 von zu Hause aus arbeiten musste, auch immer noch zu Hause sitzt.

Von Vorsichtsmaßnahmen und Kontaktbeschränkungen gezwungen, mussten Unternehmen mehr oder minder unvermittelt dafür sorgen, dass ihre Mitarbeiter vom heimischen Schreibtisch, Sofa oder auch Küchentisch aus ihrer Tätigkeit nachgehen konnten. Die größte Herausforderung zu der Zeit – neben einer stabilen Internetleitung – war eindeutig die Betreuung der Kinder zusätzlich zum Homeoffice, da Schulen und Kindergärten geschlossen waren. Ein Dauerzustand sollte das zum Glück nicht werden und dennoch hat sich seitdem unsere Art zu arbeiten verändert: Telefon- und Videokonferenz statt täglicher Autofahrt ins Büro. Viele Abläufe sind digitalisiert worden und wir stehen vor Herausforderungen, die wir so schnell nie für möglich gehalten hätten. Und das ist erst der Anfang einer neuen Arbeitswelt! Es gibt kein Zurück. Und das ist auch gut so.

Mehr Homeoffice bedeutet auch mehr Klimaschutz. Einer Greenpeace-Studie zufolge kann der Kohlendioxidausstoß im Verkehr um 5,4 Millionen Tonnen pro Jahr sinken, wenn 40 Prozent der Arbeitnehmer dauerhaft an zwei Tagen pro Woche von zu Hause aus arbeiten. Das entspreche 18 Prozent aller durch Pendeln entstehenden Emissionen, wie aus einer Studie des Berliner Instituts IZT hervorgeht.

Für mich, die bis dahin schon neun Jahre lang Homeoffice-Erfahrung gesammelt hat, war die Umstellung am Anfang der Corona-Pandemie keine besonders große. Ich war ohnehin die meiste Zeit alleine für meine drei Kinder zuständig, auch in den Ferien. »Quarantäne« hieß für mich einfach nur die neue Beschreibung meiner bisherigen Arbeitsweise.

SELBSTSTÄNDIG

Es war nie mein Plan, mich selbstständig zu machen. Die Vorstellung, mein eigener Chef zu sein und die volle Verantwortung für Versicherungen und Steuern zu übernehmen, hätte mir vor vielen Jahren noch Angst gemacht. Auch als ich 2011 als »Fräulein Ordnung« begann, freischaffende Autorin zu sein, war es nicht wirklich meine Intention, damit auf eigenen Beinen zu stehen. Im Grunde genommen war ich damals nur getrieben von dem Wunsch, dass sich mein Beruf an mein Leben anpasst, nicht mein Leben an meinen Beruf.

Seit 2016 bin ich hauptberuflich selbstständig und verdiene alleine den Lebensunterhalt für mich und meine Kinder. Homeoffice ist mein natürliches Arbeitsumfeld. Dass ich einmal so leben würde, hätte ich vor einigen Jahren also niemals für möglich gehalten. Ich hätte es mir auch selber nie zugetraut. Doch wie heißt es immer so schön: Der Mensch wächst mit seinen Aufgaben. Im Nachhinein ist mir klar, dass ich geradezu prädestiniert bin für die Arbeit im Homeoffice. Ich habe wirklich Spaß an all den verschiedenen Bürotätigkeiten, die anfallen, und mein Ordnungssinn und meine Liebe zur Struktur bilden gute Voraussetzungen, um in meinem täglichen Tun nicht ins Trudeln zu geraten.

Trotzdem – oder gerade deshalb – lege ich besonderen Wert auf Achtsamkeit am Arbeitsplatz. Das klappt nicht immer und ich finde mich dann um 21 Uhr immer noch am Laptop sitzen. Doch ich plane meine achtsamen Momente jeden Tag aufs Neue ein und bin dadurch im Laufe der Zeit entspannter und damit effektiver geworden.

Doch was bedeutet es eigentlich, wenn man im Homeoffice und somit den ganzen Tag von zu Hause aus arbeitet? Ich werde von meinem Alltag erzählen und welche Rolle Ordnung dabei spielt, wie wichtig es ist, sowohl Zeit an der frischen Luft als auch Zeit für mich einzuplanen. Dabei ist es letztlich egal, ob man im Homeoffice oder im Großraumbüro sitzt, denn Achtsamkeit tut jedem gut. Der bewusste Umgang mit unserer Zeit und unseren Ressourcen hilft enorm, im Gleichgewicht zu bleiben. Und das wünschen wir uns doch irgendwie alle, oder?

STOPP, MULTITASKING

Was ich mir weitestgehend abgewöhnt habe, ist Multitasking. Zwar erledige ich alleine in der Zeit von 6 bis 8 Uhr schon viele Dinge, aber Schritt für Schritt und nicht alles auf einmal. Brote schmieren, die erste Wäsche ansetzen, Spülmaschine ausräumen, Entschuldigungen schreiben etc. pp. Aber alles immer schön der Reihe nach.

Sobald ich nach 7 Uhr meine Yogaeinheit absolviert und mich angezogen habe, bereite ich mein Frühstück zu. Das esse ich ganz in Ruhe am Küchentisch. Ohne Zeitung, ohne Smartphone oder sonstige Ablenkung. So versuche ich auch den restlichen Tag zu gestalten. Gegessen wird grundsätzlich nur am Küchentisch, niemals neben dem Laptop. Wenn meine Kaffeemaschine den ersten Kaffee brüht, bleibe ich daneben stehen und schaue aus dem Fenster. Einen kurzen Moment der Ruhe genießen, bevor es dann an die Arbeit geht.

Wer im Homeoffice möglichst produktiv arbeiten will, muss einiges an Disziplin und Selbstmotivation aufbringen. Während man unter Kollegen stärker kontrolliert wird, ist man im heimischen Büro zum großen Teil der eigene Chef und muss sich selbst zu konsequent hochqualitativer Arbeit anhalten. In diesem Buch wird es deshalb auch um Selbstmanagement gehen.

OFFLINE

Wie sehr ein Smartphone ablenkt, wissen die meisten. Offline zu sein, ist der neue Luxus und Digital Detox ein großes Thema. Weil es auch mir oft schwerfällt, den Blick vom Bildschirm zu lassen, versuche ich, mein Smartphone bewusst zur Seite zu legen, oder noch besser: Ich lasse es in der Küche liegen, wenn ich im Homeoffice sitze. Es gibt sogar eine passende App (Forest), die virtuell einen Baum wachsen lässt, wenn ich das Smartphone eine bestimmte Zeit lang unbenutzt lasse. Das hilft mir, mich zu fokussieren und zu konzentrieren.

E-MAILS

Auf meinem Smartphone bekomme ich keine E-Mails. Was für eine Erleichterung! Seit ich sie nur noch zu Hause am PC empfangen kann, ist mein Leben um einiges einfacher und entspannter geworden und ich habe meine Arbeitszeit viel besser im Blick.

Wenn ich unterwegs bin, erreichen mich keine E-Mails. Ich bin dann nicht an meinem Arbeitsplatz. Ich halte mich einfach nicht für so wichtig, dass ich jederzeit erreichbar sein muss, und fahre damit sehr gut.

Doch auch am Laptop versuche ich, das E-Mail-Programm nicht den ganzen Tag über geöffnet zu haben, weil ich dazu neige, immer direkt zu antworten. Also strebe ich an, E-Mails möglichst am Morgen und Abend jeweils eine halbe Stunde lang zu beantworten, den Rest des Tages schließe ich das Programm.

Vormittags sitze ich am Laptop und kümmere mich um all das, was am jeweiligen Tag anliegt. Wenn ich merke, dass meine Produktivität nachlässt, habe ich verschiedene Möglichkeiten. Entweder stehe ich auf und kümmere mich um eine Maschine Wäsche – Wäschefalten hilft enorm, um Gedanken zu sortieren – oder ich hole mir einen Kaffee oder Tee. Eine andere, kurze Aufgabe ist wichtig, um sich neu zu sortieren. Bewegung ist das A und O, wenn man in einem Prozess feststeckt.

FRISCHE LUFT

Woran ich selber immer wieder arbeite, ist die Runde an der frischen Luft. Meist verbinde ich eine Pause mit einem Gang, um Lebensmittel für das Mittagessen zu besorgen. Doch eigentlich wäre ein Spaziergang von mindestens einer halben Stunde viel effektiver, um die frische Luft wirklich auszukosten. Leider klemmt es da bei mir, denn ich nutze die Zeit oft lieber, um mindestens sechs andere wichtige Dinge zu erledigen. Aber ich bleibe dran, weil ich merke, wie gut und frisch ich mich fühle, wenn ich von einer kleinen Runde zurückkomme. Selbst wenn ich nur zur Post gelaufen bin.

Auch um solche Themen wird es in diesem Buch gehen: wie man immer wieder aufs Neue seinen Tag strukturieren und Prioritäten festlegen muss, um nicht am Ende des Tages das Gefühl zu haben, wieder nichts geschafft zu haben.

KEIN MENSCH IST SO WICHTIG, DASS ER JEDERZEIT VERFÜGBAR SEIN MUSS.

KAFFEEPAUSE

Coffee to go kann jeder. Sich mit seinem Kaffee hinzusetzen und ihn bewusst und genüsslich zu trinken und den Milchschaum in Ruhe zu löffeln, das ist für mich einer der schönsten achtsamen Wohlfühlmomente, den man in seinen Arbeitsalltag integrieren kann. Zweimal am Tag setze ich mich in Ruhe in meinen Sessel und zelebriere diesen Kaffee ganz ohne Gewissensbisse.

Das Problem ist, dass wir immer etwas tun müssen. Dabei ist es auch schön, einfach nur zu sein. Einfach nur dazusitzen und den Kaffee zu genießen. Die fünf Minuten sollten einfach drin sein! Auch – oder gerade – an den stressigsten Tagen!

MITTAGESSEN

Durch meine Kinder bin ich angehalten, mittags frisch zu kochen. Das bringt uns eine gute Regelmäßigkeit und Zeit, um sich beim Essen auszutauschen und den Nachmittag zu besprechen.

Doch auch ohne Kinder sollte man darauf achten, dass eine gute und ausgewogene Ernährung nicht zu kurz kommt, wenn man im Homeoffice sitzt. Keine Kantine, kein auswärtiges Mittagessen mit den Kollegen – da neigt man schon mal dazu, sich von Tiefkühl-Pizza zu ernähren. Doch damit wird auf Dauer das Unwohlsein gefüttert.

LISTENLIEBE

Neben dem Kaffee sind Stift und Papier für mich das Wichtigste im Arbeitsalltag. Würde ich mir nicht immer alles aufschreiben und hätte ich nicht meine Listen, die ich Punkt für Punkt abarbeite, dann würde ich im Chaos enden. Dinge aufzuschreiben, hilft, Prioritäten zu erkennen und festzulegen. Und es gibt kaum etwas Motivierenderes als eine Liste, die am Ende des Tages abgehakt ist!

Selbstverständlich wird es auch in diesem Buch um sinnvolle Notizen und Listen gehen, ohne sich damit zu verzetteln.

EINLADUNG

Dieses Buch ist eine Einladung. Eine Einladung, sich selber einen entspannten Arbeitsalltag im Homeoffice einzurichten. Dieses Buch bietet Anregungen und Inspiration für das Arbeiten von zu Hause aus, um es sich so angenehm wie möglich zu gestalten. Es geht um Routinen, die dem Tag Struktur verleihen, es geht um Deep Work und die beruhigende Wirkung eines ordentlichen Arbeitsumfelds. Das alles soll dazu beitragen, dass die Zeit zu Hause angenehmer wird und Sie sich rundum wohlfühlen. Trotz Arbeit!

Das Buch ist so aufgebaut, dass man sich jederzeit einzelne Kapitel noch einmal herauspicken kann, um sie zu verinnerlichen. Einige Punkte wiederholen sich, das zeigt, wie wichtig sie sind. Ich habe das Buch so geschrieben, dass es mich selber vor zehn Jahren bereichert hätte, als ich noch keine Erfahrung im Homeoffice hatte. Seitdem habe ich viel gelernt und nun versucht, die Essenz hier festzuhalten.

Teilweise entstand dieses Buch in meinem eigenen Homeoffice, teilweise aber auch in einem Café. Als Selbstständige habe ich das unsägliche Glück, meine Zeit frei einteilen zu können. Ich kann von überall aus arbeiten, wenn mir danach ist und wenn meine Projekte es zulassen. Der kleine Ortswechsel tut mir gut und danach freue ich mich immer, in meinen privaten Bereich zurückkehren zu können.

Zur Abrundung gibt es in diesem Buch auch Interviews mit Menschen, die größtenteils schon vor der Corona-Pandemie erfolgreich im Homeoffice gearbeitet haben. Denn auch wenn ich viel Erfahrung auf dem Gebiet vorzuweisen habe, wollte ich doch wissen: Wie machen andere das? Wie empfinden sie die Arbeit im Homeoffice? Ich bin mir sicher, dass wir gegenseitig voneinander lernen und uns inspirieren können.

Vielleicht ist dieses Buch aber auch einfach nur eine Liebeserklärung an das Homeoffice, denn wenn man sich erst mal an die Vorzüge gewöhnt hat, möchte man am liebsten nie wieder anders arbeiten.

Viel Freude beim Lesen!

WIR KÖNNEN NICHT
IMMER MOTIVIERT SEIN.
ALSO MÜSSEN WIR
LERNEN, DISZIPLINIERT
ZU SEIN.

Erst mal Ordnung schaffen

ERST MAL ORDNUNG SCHAFFEN

Wenn Haus und Verstand von zu vielen Dingen bestimmt werden, kann uns die Zeit im eigenen Zuhause stressen. Wer einfache Ordnungsroutinen kennt und sie in seinem Leben etabliert, schafft eine gute Basis, um jeden Tag einen ruhigen Rückzugsort zu kreieren.

Bevor ich angefangen habe, dieses Buch zu schreiben, habe ich erst mal Ordnung in meinem Zuhause geschaffen. Da ich seit fast zehn Jahren als Ordnungscoach selbstständig bin und regelmäßig auf meinem Blog über Ordnung schreibe, wusste ich, was zu tun war. Die Basis war ohnehin schon zufriedenstellend, doch auch ich muss immer wieder ein paar Handgriffe erledigen, um die beruhigende Wirkung eines geordneten Umfeldes zu spüren und sicher zu sein, dass mir nichts auf die Füße fällt und mich ablenkt.

Ich habe unnötigen Ballast entfernt, den Raum optisch erleichtert und damit auch meinem Kopf mehr Platz gegeben, um die Gedanken zu sortieren. Ein klares Umfeld befördert auch immer klare Gedanken.

SCHÖNER WOHNEN – BESSER ARBEITEN

Es geht darum, sein Umfeld von unnötigem Ballast zu befreien, damit man sich selber sortieren kann. Das ist nicht nur für die mentale Gesundheit gut, sondern hilft zudem, Aufgaben zu priorisieren oder ohne schlechtes Gewissen wegzulassen. Ich würde an dieser Stelle nicht so weit gehen und empfehlen, die Garage aufzuräumen, um erfolgreicher im Homeoffice zu arbeiten, doch es ist von enormer Wichtigkeit, dass man sich ein schönes Umfeld schafft, frei von unnötigen Ablenkungen. Wenn Haus und Verstand von zu vielen Dingen bestimmt werden, kann uns die Zeit im eigenen Zuhause stressen.

Der Platz, an dem wir leben und gleichzeitig auch arbeiten, sollte ein sicherer Rückzugsort sein. Auf der einen Seite ein ruhiger, erholsamer Ort, an dem wir uns nach einem langen Tag entspannen können. Auf der anderen Seite ein Ort, an dem wir kreativ oder strukturiert dem Beruf oder der Berufung nachgehen können. Bei der Ordnung geht es um weit mehr als nur darum, Platz im Kleiderschrank zu schaffen oder ein freies Plätzchen auf dem Schreibtisch zu finden. Das Problem mit angesammelten Dingen ist, dass diese nicht nur physischen Platz einnehmen – sie nehmen vor allem mentalen und emotionalen Raum ein. Unser Zuhause und unsere Gedanken werden friedlicher, wenn wir uns von allem Überflüssigen, das uns herunterzieht, befreien. Dieses Kapitel zu unterschlagen, wäre also fatal.

SCHRITT FÜR SCHRITT

Wie kann man Ordnung schaffen und sie dann auch halten? Ausführlich wird dieses Thema in meinem Buch »Besser aufräumen – freier leben« behandelt. Deshalb hier nur in Kürze, wie man Schritt für Schritt zur dauerhaften Ordnung kommt:

1. Schritt: Aussortieren und gnadenlos minimieren! Alles, was defekt, überflüssig oder ungenutzt ist, darf aussortiert werden. Essenziell für Ordnung: immer erst aussortieren, dann aufräumen! Es bringt nichts, wenn die Dinge nur von A nach B geschoben werden. Dabei sollte man auch immer bedenken, dass Gerümpel den Energiefluss in unserer Wohnung und somit auch in uns blockiert. Schaut man mehrfach am Tag – oft unbewusst – auf eine kaputte Blumenvase auf der Fensterbank, hat man immer das Gefühl, dass etwas unerledigt im Raum steht. Je mehr dieser desorientierenden Gegenstände in unserer Umgebung sind, desto präsenter wird das Gefühl, noch etwas erledigen zu müssen, obwohl eigentlich schon längst Zeit für den Feierabend wäre. Das führt zu einer tiefen inneren Unruhe.

2. Schritt: Ordnung planen! Es ist enorm wichtig, einen Plan zu erstellen und Prioritäten zu setzen. Punkte, die abgehakt werden, steigern die Motivation. Aus diesem Grund erstelle ich mit meinen Kunden auch immer einen Strategieplan. Hört sich kompliziert an? Ist aber ganz einfach. Man nehme ein leeres Heft, zwei Seiten für jeden Raum und schreibe einmal alles auf, was man hier erreichen möchte.

» Welche Schubladen und Schränke sollen sortiert werden?
» Was muss repariert oder aussortiert werden?
» Erfüllt der Raum seinen Zweck?
» Wie würde ich mich fühlen, wenn dieser Raum so wäre, wie ich ihn mir wünsche?

In den Strategieplan gehören sämtliche Schritte, mögen sie noch so klein sein. Nur so verschafft man sich einen Überblick über das Projekt. Im Idealfall notiert man sich auch, bis wann welches Ziel erreicht werden soll, und dann legt man los.

Das Schöne ist, dass man jeden noch so kleinen erledigten Zwischenschritt abhaken oder durchstreichen kann. Und je mehr man geschafft und erledigt hat, desto mehr steigt die eigene Motivation.

3. Schritt: Im Kleinen anfangen! Um die Motivation nicht zu töten, sollte man kleine Schritte machen. Fangen Sie mit einem Bereich an, der wenig emotional ist. Der Flur oder die Küche eignen sich gut. Zieht hier Ruhe und Entspannung ein, hat man auch Lust, in anderen Bereichen weiterzumachen. Lieber jeden Tag eine Stunde konzentriert arbeiten, als ein ganzes wertvolles Wochenende zu opfern.

4. Schritt: Sinnvoll einsortieren und gruppieren! Jedes Teil sollte einen Platz bekommen und nach Benutzung hierhin zurückgebracht werden. Ordnung bedeutet, dass alles seinen Platz hat.

5. Schritt: Einfach anfangen! Eine Ecke oder eine Schublade nehmen und 15 Minuten lang aussortieren. Nicht zu viel nachdenken, einfach machen. Oft plagen sich die Menschen mit Gedanken wie: Wie fang ich an? Wo fang ich an? Einen Anfang findet man überall und jederzeit, wenn man nur will!

6. Schritt: Ordnung ist ein stetiger Prozess und nichts, was man nur einmal macht. Ständig wachsender Besitz erschwert Ordnung. Also unbedingt darauf achten, was man zukünftig ins Haus lässt, auch mal Nein sagen. So vermeidet man, den Plunder von morgen anzuschaffen.

Wovon Sie sich auf jeden Fall trennen dürfen, sind folgende Aussagen:
»Das ist doch noch gut.«
»Das kann man vielleicht noch mal gebrauchen.«
»Das hat doch mal viel Geld gekostet.«
Vielleicht hat es mal viel Geld gekostet, aber wenn es seit sechs oder zwölf Monaten nicht benutzt wurde, ist es trotzdem unwahrscheinlich, dass wir noch einmal Verwendung dafür haben. Besser ist, das Vertrauen zu haben, dass alles, was zu uns gehört, auch bei uns bleibt.

ORDENTLICHE GEWOHNHEITEN

Ist die Ordnung erst einmal so hergestellt, dass man damit zufrieden ist, gibt es noch eine Handvoll einfache, aber wirksame Tipps, mit denen Gewohnheiten entwickelt und beibehalten werden können. Kontinuität ist das Zauberwort für dauerhafte Ordnung. Je weniger wir besitzen und je weniger herumsteht, desto schneller sind wir sowohl mit dem Putzen fertig als auch damit, den Wunschzustand wiederherzustellen.

Nehmen wir mal den Kleiderschrank. Heute ist er schön ordentlich. Nächste Woche nicht mehr? Dann sollte man genau hinschauen: Ist er wieder unordentlich,

» weil nicht genügend Bügel vorhanden sind
» oder nicht genug Platz ist?
» weil man beim vorigen Mal noch kein sinnvolles System hergestellt hat?

Der Anfang ist immer das Schwierigste. Deshalb fangen so viele Menschen erst gar nicht an. Doch es ist alles Kopfsache und wenn man sich über sein Ziel im Klaren ist, fällt es leichter.

ROUTINEN

Das Geheimnis, um dranzubleiben, sind die Routinen, die guten Gewohnheiten. Die kleinen Handgriffe, die einem in Fleisch und Blut übergehen, über die man nicht mehr groß nachdenkt. Ob ich jeden Mittag Lust habe, die Küche aufzuräumen, nachdem ich das Mittagessen gekocht habe? Nein, gewiss nicht. Manchmal würde ich mich gerne einfach aufs Sofa legen und einfach mal nichts tun. Aber dann? Dann stehen die Sachen später immer noch rum. Irgendwann MUSS ich es ja machen. Also tu ich es lieber sofort und freue mich, dass die Küche aufgeräumt ist, wenn ich mir am Abend eine Kanne Tee koche.

» Ich bleibe dran, weil die Alternative Chaos bedeutet.
» Ich sortiere meine Kleidung, weil ich am Morgen in eine aufgeräumte Schublade schauen möchte.
» Den Abstellraum miste ich regelmäßig aus, weil ich an meine Backformen herankommen möchte, ohne über Kisten steigen zu müssen, und weil ich ein Ziel vor Augen habe: irgendwann einmal ohne Abstellraum auszukommen.

Ordnung halte ich nur deshalb, weil ich ein entspanntes und leichtes Leben haben möchte, frei von unnötigem Ballast. Und weil das ein tiefes Bedürfnis ist, fällt es mir leicht dranzubleiben.

Man muss es übrigens nicht perfekt machen! In meinem Haus ist es nie überall zur gleichen Zeit gleich gut aufgeräumt. Mir reichen auch acht Prozent. Was ich nicht schaffe, bleibt eben liegen.

Am Ende des Tages ist es mit der Ordnung wie beim Sport oder Abnehmen. Man muss den inneren Schweinehund überwinden, um dranzubleiben. Ein Cheat Day ist erlaubt, auch muss man mal eine Verschnaufpause einlegen.

Doch wer sein Ding durchzieht, freut sich am Ende über das Ergebnis und kann stolz auf sich sein. Wenn es heute nicht klappt – dann versuchen Sie es morgen wieder! Bis es irgendwann in Fleisch und Blut übergeht.

IDEEN FÜR GUTE GEWOHNHEITEN

Das Bettenmachen

Das Bettenmachen am Morgen scheint auf den ersten Blick unbedeutend zu sein, es kann den Alltag jedoch stark beeinflussen. Nehmen Sie sich einige Minuten Zeit, um die Laken zu glätten und die Kissen aufzuschütteln, und bereiten Sie sich so auf einen produktiven, positiven und bedeutungsvollen Tag vor. Wissenschaftler haben herausgefunden, dass das Bettenmachen glücklicher machen kann. Außerdem sorgt ein ordentlich gemachtes Bett für Ruhe und Frieden in Ihrem Schlafzimmer – genau das, was Sie zum Entspannen brauchen. Und wer kennt sie nicht – diese Freude im Hotel, wenn man sich abends in ein frisch gemachtes Bett legen darf!

Die Ordnung im Kleiderschrank

Was hat der Kleiderschrank mit dem Homeoffice zu tun, werden Sie sich jetzt vielleicht fragen. Aber es ist so simpel: Ein aufgeräumter Schrank sorgt für einen stressfreien Morgen und lässt das Anziehen zu einer angenehmen Routine werden. Stellen Sie sich vor, Sie greifen in Ihren Schrank und finden auf Anhieb das, wonach Sie gesucht haben – jedes Mal, wenn Sie die Tür öffnen. Stellen Sie sich vor, Sie hätten einen ganzen Schrank voller Lieblingssachen.

Tun Sie etwas Gutes und spenden Sie alles, was Sie seit einem Jahr oder länger nicht mehr getragen haben. Trennen Sie sich von allen Teilen, die Sie nicht mehr brauchen, wollen oder die Ihnen nicht mehr passen. Setzen Sie bei Ihrer Kleidung auf Qualität statt Quantität. Wenn Sie in Zukunft neue Kleidung kaufen, suchen Sie zeitlose, langlebige und vielseitige Stücke aus.

Wer hauptsächlich im Homeoffice arbeitet, hat zudem den großen Vorteil, auf bequeme Kleidung zurückgreifen zu können. Doch Vorsicht – hier neigt man schnell dazu, nur noch in Schlabberklamotten herumzulaufen. Homeoffice sollte aber nicht bedeuten, dass man sich gehen lassen kann.

Natürlich muss man sich nicht im Kostüm und mit High Heels an den heimischen Arbeitsplatz setzen, aber es macht einen großen Unterschied, ob man sich am Morgen frisch macht und in ein paar schöne Anziehsachen schlüpft oder ob man den lieben langen Tag in der Jogginghose herumläuft oder den dritten Tag dasselbe Oberteil trägt. Den Spruch »Erfolg beginnt vor dem Kleiderschrank«, habe ich von der Stylistin Carola Nahnsen gelernt.

Die Ordnung im Bad

Badezimmer sind häufig die kleinsten Räume in unserem Zuhause und dadurch oft die unordentlichsten. Um das Bad in ein beruhigendes Spa zu verwandeln, sollten Sie nur die Produkte aufbewahren, die Sie täglich verwenden. Räumen Sie alle anderen Dinge dorthin, wo mehr Platz ist. So schaffen Sie Raum für das, was Sie brauchen – selbst in kleinen Badezimmern. Weniger ist mehr: Investieren Sie in eine Handvoll hochwertiger Hautpflege-, Dusch- und Badeprodukte und Make-up-Basics, die perfekt auf Ihre Bedürfnisse abgestimmt sind.

KURZE ROUTINE

Beachten Sie, dass das Beibehalten Ihrer neuen Routine weder viel Zeit noch viel Mühe in Anspruch nimmt. Nehmen Sie sich morgens während des Teekochens einige Minuten Zeit, um die Küche aufzuräumen. Nehmen Sie den Müll mit hinaus, wenn Sie sich auf den Weg zu einem Spaziergang machen, oder sehen Sie die Post durch, bevor Sie in die neue Woche starten.

Selbst wenn Sie nur 15 Minuten täglich mit einem bisschen Ordnungmachen verbringen, kommen Sie in ein sauberes, beruhigendes Zuhause, in dem kein Platz für Stress und Unordnung ist. Eine gute Regel ist, sich zu Hause nur mit Dingen zu umgeben, die uns glücklich machen. Auf diese Weise lässt sich das eigene Zuhause in eine Entspannungsoase verwandeln.

WIE ETABLIERT MAN EINE GUTE GEWOHNHEIT?

Im Januar fliegen sie oft zahlreich durch die Luft: die vielen kleinen oder großen Vorsätze zum Jahreswechsel. Doch die meisten zerplatzen schon nach kurzer Zeit. Besser sind deshalb gute Gewohnheiten statt lästiger Vorsätze, denn gute Gewohnheiten kann man sich jede Woche neu vornehmen.

Vor einigen Jahren habe ich im Januar aufgehört zu rauchen. Nicht weil Januar war, sondern weil es mir nach einer Party, auf der ich zu viel geraucht hatte, richtig schlecht ging. Den ganzen Sonntag lang habe ich mir Gedanken darüber gemacht, wie es eigentlich sein kann, dass ich mich die ganze Woche über gesund ernähre und auf meinen Körper achte, doch sobald am Wochenende eine Party stattfindet und ich etwas trinke, ich auch rauchen muss. Ich

war seit meinem 16. Lebensjahr eine klassische Party-Raucherin. Doch an jenem Sonntag Mitte Januar habe ich von jetzt auf gleich damit aufgehört. Zum Glück, denn es geht mir seitdem sehr viel besser.

Ich bin der festen Überzeugung, dass jeder Tag geeignet ist, sich gute Gewohnheiten anzueignen – oder sich von schlechten Gewohnheiten zu verabschieden. Dafür bedarf es nicht des ersten Tages eines neuen Jahres.

Neue Gewohnheiten brauchen einige Wochen, bis sie greifen. Also liegt es nahe, dass man sie in kleine Häppchen aufteilt und sie Schritt für Schritt in seinen Alltag einbaut, anstatt sich zu viel auf einmal vorzunehmen. Sonst kann man leicht scheitern und sitzt am Ende enttäuscht da.

Es ist sinnlos und kontraproduktiv, ein Datum wie den 1. Januar zu wählen, um ein besserer Mensch zu werden! Wer etwas ändern möchte – abnehmen, mehr Sport treiben, gesünder kochen –, wandelt seine Vorsätze besser in gute Gewohnheiten um und kommt so Schritt für Schritt an sein Ziel. Denn Vorsätze vergehen. Gute Gewohnheiten bleiben.

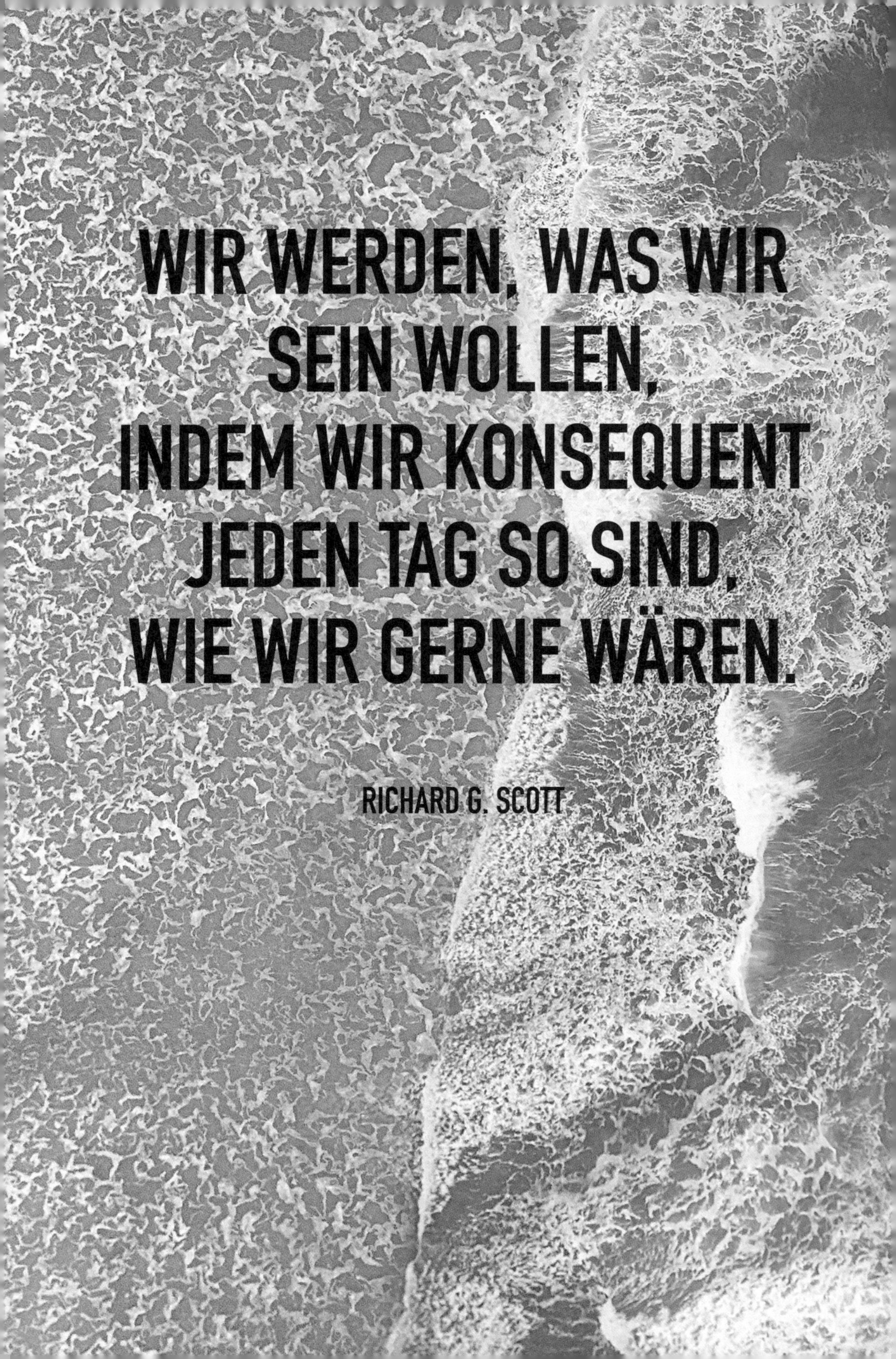

WIR WERDEN, WAS WIR
SEIN WOLLEN,
INDEM WIR KONSEQUENT
JEDEN TAG SO SIND,
WIE WIR GERNE WÄREN.

RICHARD G. SCOTT

ALLES UNTER EINEN HUT

Kristin managt den Familienbetrieb – die meiste Zeit von zu Hause aus, wo sie die Kinder im Blick hat, und bitte nicht vor 10 Uhr! Das hat sie sich erkämpft.

Kristin Hudler ist 42 Jahre alt und Mutter von vier Kindern. Zusammen mit ihrem Mann führt sie einen Handwerksbetrieb, eine große Glaserei. Sie ist dort verantwortlich für Personal, Finanzen und Kommunikation. Auch wenn sie einen Schreibtisch im Büro der Firma hat, steht der Arbeitsplatz, den sie hauptsächlich nutzt, im Haus. Sie hat also ein klassisches Homeoffice mit allem, was dazugehört. So kann sie gleichzeitig bei den Kindern sein.

Kristin arbeitet schon so, seit sie Mutter ist. Bevor ihre erste Tochter vor 19 Jahren auf die Welt kam, war sie ganz klassisch angestellt in einer Immobilienfirma.

ARBEITSZEITEN

Feste Arbeitszeiten hat Kristin nicht. Sie ist tagsüber fast immer erreichbar und richtet sich nach den Kindern und den geschäftlichen und privaten Terminen. Sie arbeitet, wenn die Kinder in der Schule sind; macht eine Pause, wenn sie aus der Schule kommen. Sie hat sich ihren Arbeitsplatz mitten im Haus so eingerichtet, dass der Jüngste dort auch einen Schreibtisch stehen hat, damit sie ihn während der Hausaufgaben betreuen und nebenbei weiterarbeiten kann.

Am frühen Abend unterbricht Kristin ihre Arbeit für längere Zeit, um das Abendbrot vorzubereiten, gemeinsam mit der Familie zu essen, mit dem Hund spazieren zu gehen, restliche Hausaufgaben zu betreuen und alles, was sonst noch im Haushalt und mit den Kindern anfällt, zu erledigen. Wenn die Kinder sich fürs Bett fertig machen und schlafen gehen, geht es für Kristin noch einmal an den Schreibtisch.

Am Abend zu arbeiten – auch an den Wochenenden –, ist für Kristin insofern praktisch, als sie tagsüber relativ viele Anrufe, Mitarbeitergespräche und diverse Termine hat. Abends und am Wochenende findet sie deutlich mehr Ruhe. Zwar ist die komplette Familie zu Hause, aber es sei trotzdem wesentlich entspannter, sagt sie, wenn keine Störung von außen kommt.

AUSGLEICH

Welchen Ausgleich hat Kristin zu so viel Arbeit? Fest etabliert ist ihre Yoga-Meditations-Routine. Morgens geht sie zudem eine große Runde mit dem Hund – und meist auch mit ihrem Mann, um die wichtigsten Arbeitsangelegenheiten des Tages zu besprechen –, beantwortet danach die wichtigsten E-Mails, macht anschließend konsequent mindestens 30 Minuten lang Yoga und meditiert. Im Anschluss wird Wäsche gefaltet oder kurz noch etwas im Haushalt erledigt, Tee und Kaffee getrunken. Erst dann fängt sie mit dem offiziellen Teil der Arbeit an.

Aus diesem Grund macht sie keine Termine mehr vor 10 Uhr. Manchmal ist dies schwierig, da der Betrieb bereits um 7 Uhr öffnet und morgens schon viel los ist. Das Zeitfenster, in dem Kristin dort nicht zur Verfügung steht, kann somit recht lang wirken. Aber alles funktioniert, wenn man es wirklich möchte, Prioritäten setzt und diese klar kommuniziert, hat sie festgestellt. Ihr Lieblingsspruch: »Wer will, findet Wege; wer nicht will, findet Gründe.«

VORTEILE UND HERAUSFORDERUNGEN

Für Kristin steht ganz klar fest, dass sie nie wieder anders arbeiten könnte. Als Angestellte würde sie sich nicht mehr eignen, denn starre Arbeitszeiten und Weisungsgebundenheit wären für sie nicht mehr vorstellbar.

Der Vorteil im Homeoffice ist, dass sie sich terminlich alles so einrichten kann, wie sie es möchte, und bei ihren Kindern sein kann. Auch dass sie tagsüber – während der Arbeitszeit – spontan ein Brot oder einen Kuchen backen kann, ist für sie ein Vorteil. »Es sieht ja keiner, wenn ich während eines geschäftlichen Telefonats einen Kuchen dekoriere.«

Der Nachteil ist, dass die Abgrenzung schwierig ist. Bis Corona habe sie meist bis tief in die Nacht gearbeitet. Irgendwann habe sie gemerkt, dass das nicht mehr in dem Maße geht. Ihr ist klar geworden, dass sie für sich Momente finden muss, in denen sie einmal nicht arbeitet, und hat deshalb ihre neue Morgenroutine etabliert.

Sich abzugrenzen, sei schwierig, weil sich einerseits die Firma direkt nebenan und andererseits das Homeoffice mitten im Haus befindet. Es ist sicherlich eine Typfrage, aber Kristin kann einfach nichts liegen lassen. Ein »Mach ich morgen … oder übermorgen« gibt es bei ihr nicht und damit ist die Gefahr groß, dass die Arbeit sie auffrisst.

KRISTINS TIPPS FÜR DAS HOMEOFFICE

1. Für Ordnung sorgen. Wenn man nicht von Anfang ein System schafft, sondern stattdessen überall kleine Häufchen liegen, verzettelt man sich schnell. Damit ist nicht nur das Homeoffice gemeint, sondern der gesamte Haushalt. Sobald man in seinem Zuhause arbeitet, muss das System passen, weil man einfach nicht mehr die Zeit und Energie hat, sich um Ordnung zu kümmern, wenn permanent Chaos herrscht. Man braucht Klarheit im Außen, um wirklich konzentriert arbeiten zu können.

2. Für Struktur sorgen. Gerade wenn man kein Team hat, an dessen Arbeits- und Pausenzeiten man sich orientieren kann, sondern soloselbstständig ist oder alleine im Homeoffice sitzt, läuft man Gefahr, dass man nur noch arbeitet und alles andere vernachlässigt. Sobald man eine Familie hat, ist man sowieso immer zerrissen, weil man der Firma gegenüber ein schlechtes Gewissen hat, wenn man sich nicht hundertprozentig der Arbeit widmen kann, und man sich auf der anderen Seite wie eine schlechte Mutter fühlt, die nicht wirklich anwesend ist. Man muss also schauen, dass man klar für sich festlegt, wann man tatsächlich nicht arbeitet, wann man eine totale Fokuszeit für die Arbeit hat und wann man einen Ausgleich für sich selbst schafft. Welche Zeiteinteilung für einen selbst am besten ist, merkt man relativ leicht, indem man sich seinen Tagesablauf genau ansieht. Wenn die Kinder zum Beispiel in der Schule sind, hat man ein gewisses Zeitfenster, in dem man fokussiert arbeiten oder sich bewusst »me-time« gönnen kann. Denn realistisch gesehen, ist es schwierig, etwas für sich selbst zu tun, während die Kinder zu Hause sind.

3. Für sich selbst sorgen. Es klingt vielleicht seltsam, weil es eigentlich selbstverständlich ist, aber man sollte unbedingt auf sich selbst achten und darauf, dass man sich Pausen gönnt, ausreichend trinkt und vernünftig isst. Die Gefahr, dass man so im Arbeitsmodus drin ist, dass man diese wichtigen Dinge komplett vergisst, ist leider groß. Es gibt im Homeoffice keine festen Pausenzeiten wie im normalen Arbeitsleben und daher kann es schnell passieren, dass man einfach durcharbeitet und viel zu spät mit schmerzend voller Blase zur Toilette stürzt oder am Nachmittag Kopfschmerzen bekommt, weil man gar nicht oder viel zu wenig getrunken hat.

ALLES FUNKTIONIERT, WENN MAN ES WIRKLICH MÖCHTE UND WENN MAN SEINE PRIORITÄTEN SETZT.

KRISTIN HUDLER

OSSIBLE

Wie die Einrichtung uns beeinflusst

WIE DIE EINRICHTUNG UNS BEEINFLUSST

Kaum einer wird das Glück haben, dass der Arbeitgeber Büromöbel zur Verfügung stellt. Was den Vorteil hat, dass man eben nicht irgendetwas Unattraktives hingestellt bekommt. Für ein angenehmes Arbeitsumfeld und mehr Zufriedenheit bei der Arbeit sollte man sich zur Einrichtung einmal Gedanken machen.

Nach vielen Jahren im Homeoffice kann ich heute sagen, dass der richtige Platz manchmal lange gesucht werden muss. Ich wohne mit meinen Kindern in einer Doppelhaushälfte und wir haben bereits einige Male die Zimmer getauscht. Mein Büro war somit schon in dreien der vier Schlafzimmer untergebracht, doch nur in einem der Räume konnte ich wirklich gut arbeiten. In einem Raum war es zu dunkel, im nächsten waren die Lichtverhältnisse zwar hervorragend, doch dort konnte ich vom Schreibtisch aus nicht aus dem Fenster gucken, weil es in der Dachschräge und dafür zu hoch ist.

So kam es, dass mein Schreibtisch irgendwann im Wohnzimmer landete. Für viele wäre das nicht ideal, doch da ich ohnehin kein klassisches Wohnzimmer habe – zum Beispiel besitzen wir bewusst keinen Fernseher – und auch keinen Mann, den die Einrichtung stören könnte, arbeite ich seit mehr als zwei Jahren mit direktem Blick in meinen schönen Garten. Für mich hat es den Vorteil, dass ich für meine Kinder immer verfügbar bin. Außerdem brauche ich die kreative Umgebung mit meinen Büchern und schönen Bildern, die sich im Wohnzimmer befinden.

Was ich damit sagen möchte, ist, dass man manches ausprobieren muss. Auch wenn man keine vier Schlafzimmer zur Verfügung hat und vielleicht nur auf 40 Quadratmetern lebt – Kreativität ist gefragt, wenn man merkt, dass es mit der Konzentration oder dem Workflow nicht so klappt. Ein schönes Arbeitsumfeld ist ein Aspekt, den man niemals unterschätzen sollte.

VERSCHIEDENE ARBEITSPLÄTZE

Ich habe nicht nur den Schreibtisch im Wohnzimmer. Würde ich dort den ganzen Tag festsitzen, würde ich meine Arbeit nicht schaffen und die Kreativität abtöten. Die Möglichkeit, meinen Arbeitsplatz zu wechseln und im Schneidersitz auf dem Boden sitzen zu können, ist für mich einer der Vorteile des Homeoffice. Ebenso kenne ich den Lichteinfall im Garten so gut, dass ich weiß, zu welcher Tageszeit ich bei angemessenen Temperaturen dort sitzen kann, um ungestört zu arbeiten.

Doch egal, ob man lieber im Stehen oder im Sitzen, im Wohnzimmer oder in der Küche arbeitet: Wichtig ist, dass man sich vorher ein schönes Umfeld schafft, ganz ohne Ablenkung. Steht der Wäschekorb noch auf dem Tisch, hemmt das unterbewusst. Der erste Schritt, um besser im Homeoffice zu arbeiten, lautet: ein angenehmes und geordnetes Umfeld schaffen!

ARBEITSZIMMER

Es gibt ein separates Arbeitszimmer? Hervorragend! Investieren Sie in einen bequemen Stuhl und richten Sie sich den Raum mit viel Liebe ein. Ein schönes Bild an der Wand, frische Blumen auf dem Sideboard oder Fensterbrett, vielleicht eine schöne Duftkerze: Das alles hebt die Laune und lässt einen gerne an den Arbeitsplatz kommen.

Ein Glück für jeden, der ein kleines Büro zu Hause hat, das er nach getaner Arbeit hinter sich zumachen kann. Die Realität sieht aber oft anders aus: Da steht der Schreibtisch sichtbar in einer Zimmerecke und damit beginnen viele Probleme. Dort, wo Computer und Drucker stehen, sieht es oft nicht schön aus. Die vielen Kabel ziehen Staub magisch an und der Stapel mit unerledigter Post erinnert daran, was noch alles zu tun ist. Wenn kein separates Büro zur Verfügung steht, lässt sich der Arbeitsplatz mit einem portablen Raumteiler, einem Regal oder einer größeren Zimmerpflanze abschirmen.

WOHNZIMMER

Auch im Wohnzimmer lässt sich mit Kreativität ein Plätzchen umfunktionieren. Achten Sie darauf, dass Sie dafür einen möglichst abgeschirmten Bereich wählen. Die Wand neben der Tür ist eher ungeeignet, besser ist eine ruhige Ecke. Ein zu dunkler Arbeitsplatz strengt die Augen unnötig an. Richten Sie das Homeoffice am besten in Fensternähe ein, so ist es tagsüber angenehm hell und freundlich. Achten Sie beim Ausrichten des Monitors darauf, dass sich das Fenster nicht darin spiegelt.

Wenn weniger Platz zur Verfügung steht, einfach einen kleineren Schreibtisch wählen! Ideal ist, wenn dieser in der Nähe eines Fensters steht. Wenn er dann noch höhenverstellbar ist – Jackpot! Wer überhaupt keinen Platz hat, muss nach cleveren Lösungen suchen. Praktisch sind zum Beispiel Sekretär-Kommoden, an denen die Schreibtischplatte einfach ein- und ausgeklappt wird.

SCHLAFZIMMER

Das Büro im Schlafzimmer einzurichten, ist nicht optimal und sollte nur eine Notlösung darstellen. Wenn es gar nicht anders geht, achten Sie darauf, den Schreibtisch möglichst wohnlich zu gestalten. Räumen Sie über Nacht alles weg und schalten Sie den Drucker und andere Elektrogeräte vollständig aus.

PFLANZEN

Pflanzen sind wunderbare Mitbewohner, die sich um die Klarheit der Luft im Raum kümmern. Schon ein wenig Grün in der Umgebung kann das Denken positiv beeinflussen. Es gibt Studien darüber, dass man sich in der Nähe von Zimmerpflanzen ruhiger fühlt und der Blutdruck sinkt. Dabei müssen es nicht gleich ein ganzer Urwald oder besonders pflegeintensive Pflanzen sein. Fangen Sie mit etwas Unkompliziertem an.

BÜROSTUHL

Für mich ist der Bürostuhl das wichtigste Möbelstück im Homeoffice. Meinem Rücken zuliebe habe ich deshalb in einen ergonomischen Bürohocker investiert. Hier lohnt es sich auf jeden Fall, sich gut persönlich beraten zu lassen.

Wenn man jedoch nicht den ganzen Tag im Homeoffice arbeitet, reicht anstatt eines klassischen Bürostuhls auch ein bequemer Stuhl. Dieser fügt sich besser in die übrige Einrichtung und dient als zusätzliche Sitzgelegenheit für Gäste.

STAURAUM

Stauraum ist immer ein Ordnungsthema, nicht nur im Homeoffice. Alles, was man oft braucht, wie Stifte und wichtige Dokumente, sollte griffbereit in einem Rollcontainer liegen. Den kann man nach Feierabend einfach an die Seite schieben, sodass man die Arbeit nicht noch zum Feierabend oder am Wochenende sehen muss. Wenn Ihnen gar nichts einfallen möchte, dann unternehmen Sie doch mal einen Ausflug ins

Möbelhaus und schauen Sie, welche cleveren Stauraum-Lösungen dort aufgebaut sind.

GESTALTUNG

Mit welchen Farben fühlen Sie sich wohl? Welche Strukturen finden Sie interessant, was lenkt Sie eher ab und lässt Sie unruhig zurück? Fehlt ein Möbelstück mit Stauraum oder steht eines zu viel im Raum?

Versuchen Sie, für mehr Weite zu sorgen, damit der Blick umherschweifen kann. Der Einsatz von hellen Farben kann den Raum größer und leichter erscheinen lassen. Es geht darum, dass der Blick nur noch an Dingen hängen bleibt, die glücklich machen oder inspirieren. Versuchen Sie, Ihren Arbeitsplatz möglichst friedlich und entspannend zu gestalten.

GUTER DUFT

Raumdüfte sorgen nicht nur für einen guten Geruch, sondern auch für eine Stimmung, die dem Zuhause ein förderliches Ambiente verleiht. Verwenden Sie Duftkerzen, Duftstäbchen oder Raumdüfte, um je nach Bedarf Ruhe, Frische oder Klarheit in Ihr Zuhause und Ihr Leben zu bringen.

Mit einem Aroma-Diffusor erzeugt man eine natürliche und wohltuende, duftende Luft im Raum. Durch das Zerstäuben von Wasser wird die Luft zudem befeuchtet. Kombiniert mit ätherischen Ölen erschafft ein Aroma-Diffusor eine Wohlfühlatmosphäre. Ein beruhigendes (Lavendel) oder erfrischendes (Zitrone) Aroma am Arbeitsplatz ist eine gute Möglichkeit, eine Umgebung zu schaffen, in der man sich gut konzentrieren kann. Es gibt sogar unterstützende Duftmischungen wie »Leichter lernen« oder »Klarer Kopf«.

BELEUCHTUNG

Eine gute Arbeitsplatzbeleuchtung fördert die Konzentration und schont die Augen. Optimal sind Lampen mit einem oder zwei Gelenken und schwenkbarem Schirm, die man nach Bedarf ausrichten kann. Als Rechtshänder stellt man die Schreibtischleuchte am besten auf die linke Seite, als Linkshänder auf die rechte. So verhindert man, dass die Hand beim Schreiben störende Schatten aufs Papier wirft. Das Leuchtmittel sollte man in einer neutralen Lichtfarbe wählen, das ist beim Arbeiten am angenehmsten.

ORDNUNG HALTEN

Ordnung erleichtert das Leben. Um den Überblick zu behalten, sollte der Arbeitsplatz gut organisiert sein. Inmitten einer klar strukturierten Umgebung arbeitet es sich deutlich besser. Wie das geht – finden Sie im Kapitel »Ordnung auf dem Schreibtisch«.

DEN KONTAKT HALTEN

Maike arbeitet seit Corona einmal pro Woche zu Hause, was technisch relativ problemlos läuft. Sie findet, dass die Vorteile überwiegen, wenn man auf einige Dinge achtet.

Maike Schauerte ist 44 Jahre alt, Mutter von zwei Kindern (neun und zwölf Jahre) und wohnt in einem kleinen Ort in der Nähe von Stuttgart. Nach dem Abitur hat sie eine kaufmännische Ausbildung absolviert, ist seit 20 Jahren im selben Betrieb angestellt und dort für das Vertriebscontrolling zuständig.

Seit zwölf Jahren ist sie teilzeitbeschäftigt für 15 Stunden pro Woche. Anfangs hat sie flexibel gearbeitet, manchmal auch am Nachmittag, da ihr Mann im Schichtdienst arbeitet. Seit die Kinder in den Kindergarten und in die Schule gehen, arbeitet sie an drei festen Vormittagen pro Woche. Sie geht gerne ins Büro und hat einen kurzen Anfahrtsweg.

LAPTOP UND LOS!

Seit der Schulschließung im März 2020 ist Maike komplett – aber auch zum ersten Mal – im Homeoffice gewesen. Vorher bestand wegen der abgesicherten Kinderbetreuung keine Notwendigkeit, obwohl sie durchaus berechtigt gewesen wäre, ein bis zwei Mal im Monat das Homeoffice in Anspruch zu nehmen, was im März 2020 ihr großer Vorteil war. Die Firma stellte einen Laptop zur Verfügung, mehr Ausstattung war nicht nötig. Die technischen Voraussetzungen wurden getestet und da alles funktionierte, konnte sie von einem Tag auf den nächsten zu Hause bleiben.

Aufgrund von Corona und der eingeführten Abstandsregelungen wurde vonseiten der Firma festgelegt, dass nur ein bestimmter Prozentsatz an Mitarbeitern in der Firma sein darf. So bekam jeder zugeteilt, wann er im Büro und wann er zu Hause arbeiten sollte oder konnte. Mittlerweile arbeitet Maike einmal pro Woche im Büro und an zwei Wochentagen im Homeoffice. Sie ist grundsätzlich ein strukturierter Mensch und arbeitet auch zu Hause immer zu festen Zeiten: von 8 bis 12 oder 13 Uhr, sodass sie auf ihre Stundenzahl kommt. Die Tage sind fest mit dem Arbeitgeber vereinbart.

Für Maike besteht erst mal kein Unterschied, ob sie im Homeoffice sitzt oder im Büro. Allerdings merkt sie, dass sie zu Hause weniger Pausen macht, was eindeutig zu ihren Lasten geht. Manchmal muss sie sich zwingen, den Kaffee nicht nur am Computer zu trinken, sondern auch mal in der Küche zu bleiben.

GÄSTEZIMMER

Sie hat das Glück, dass sie in ihrem Haus das berühmte dritte Zimmer, also ein Gästezimmer/Büro, hat. Dort steht ein Schreibtisch mit privatem Computer und Drucker, wo sie ihr Homeoffice einrichten konnte.

Natürlich ist es ein Unterschied, denn im Büro gibt es ergonomische Schreibtische und Stühle. Zu Hause besitzt sie nur einen handelsüblichen Schreibtischstuhl und einen nicht höhenverstellbaren Schreibtisch, was sich durchaus im Rücken bemerkbar macht. Zudem schaut sie im Büro auf zwei große Bildschirme, im Homeoffice nur auf den kleinen Laptop. Das merkt sie schon, aber sie empfindet es dennoch als Glück, zu Hause die Möglichkeit zu haben, sich zurückziehen zu können und nicht am heimischen Esstisch arbeiten zu müssen, während das Leben um sie herum tobt.

GESUNDHEITSPROGRAMM

Ihre Firma bietet in Zusammenarbeit mit einer Krankenkasse ein Gesundheitsprogramm an, das unter anderem ein tägliches kurzes Dehnungsprogramm von rund zehn Minuten enthält, Ergo Balance Gym (EBG). Vor Corona fand das vormittags in einem Meetingraum der Niederlassung statt, aufgrund der Abstandsregelungen musste es einige Zeit ausgesetzt werden. Nach einem halben Jahr wurde das Programm wieder ins Leben gerufen, und zwar online. Man kann sich einwählen, hört die Stimme des Trainers und sieht die Übungen über eine Präsentation.

Schon vor Corona hat Maike an dem Angebot teilgenommen und eine deutliche Lockerung der Nacken- und Rückenverspannungen wahrgenommen, weshalb sie jetzt auch im Homeoffice das Onlineangebot wahrnimmt.

DIE HERAUSFORDERUNG

Ihre Anfangszeit im Homeoffice war geprägt von der Schulschließung und dass somit die Kinder zu Hause waren. Deren Betreuung konnte sie sich mit ihrem Mann teilen.

Als Herausforderung im Homeoffice sieht sie, dass man nebenher noch etliche andere Sachen im Kopf hat. Zwar hat sie nebenher nicht Wäsche gewaschen oder Bad geputzt, doch im Kopf sei sie schon eher mit solchen Dingen beschäftigt, als wenn sie auswärts im Büro sitzt.

Ansonsten sind einige Sachen technischer Natur erschwert. So hat sie keinen Zugriff auf den Firmen-Drucker und vermisst den kurzen Weg zum Kollegen, um dort etwas schriftlich vorzulegen. Manchmal fehlt ihr der schnelle fachliche Austausch zwischendurch.

DIE VORZÜGE

Ansonsten ist Maike positiv überrascht, wie gut es funktioniert. Zu den Vorzügen des Homeoffice gehört zum einen natürlich die Zeitersparnis. Obwohl sie keine lange Anfahrtszeit zur Arbeit hat – hin und zurück 20 bis 30 Minuten –, sind doch auch 20 Minuten kostbar, gerade für eine Mutter, die nach Hause muss, weil deren Kind vor der Tür steht.

Zum anderen ist es ihr teilweise leichter gefallen, konzentriert durchzuarbeiten. Im Büro wird man doch mehr abgelenkt, weil man Kollegen dort sitzen hat, das Telefon öfter klingelt oder man auf dem Flur kurz angesprochen wird.

An den Vormittagen, an denen ihre Kinder später wieder in der Schule waren, ist ihr aufgefallen, dass sie im Homeoffice konzentrierter arbeitet.

Dadurch dass alles so kurzfristig gehen musste, hat sie keine Vertragsveränderung bekommen. Rein theoretisch stellt man in ihrem Betrieb einen Antrag auf Homeoffice, aber der wurde bislang noch nicht ausgefüllt.

MAIKES TIPPS FÜR DAS HOMEOFFICE

1. Feste Arbeitszeiten festlegen und auch selber einhalten, genau wie im Büro. Auch die Pausen einhalten, besonders dann, wenn man ganztags arbeitet. Vielleicht kann man die Unterbrechungen für Dehnungsübungen nutzen.

2. Den Kontakt mit den Kollegen halten. Gerade wenn man nur in Teilzeit arbeitet, steckt man nicht überall mit drin. Man sollte die Möglichkeiten der modernen Kommunikation nutzen, um in Kontakt zu bleiben, einfach mal nachzufragen, ob es etwas Neues gibt.

3. Den Tagesablauf strukturieren. Gut strukturierte Menschen haben es oft leichter im Leben, von daher wird ihnen der Tagesablauf auch im Homeoffice leichter fallen. Weil man sich nicht selber dauernd daran erinnern muss, dass man etwas schaffen muss.

Ordnung auf dem Schreibtisch

ORDNUNG AUF DEM SCHREIBTISCH

Um den Feierabend genießen zu können, ist es ein wichtiger Prozess, am Ende den Schreibtisch zu ordnen. Es ist auch ein Geschenk an sich selbst, denn am nächsten Tag erwartet einen ein aufgeräumter Arbeitsplatz und man kann leichter in den Tag starten.

Ordnung beginnt immer mit einer klaren Struktur und ist ganz simpel:

» Ordner, die klar und übersichtlich beschriftet sind, griffbereit stehen und nach Themen sortiert wurden, erleichtern das Leben.

» Ein Eingangskorb, dessen Inhalt wöchentlich erledigt und anschließend abgeheftet wird, ist ideal.

» Selbstorganisation ist die halbe Miete – egal, ob digital oder auf Papier. Ein Terminkalender und To-do-Listen, auf denen Projekte priorisiert werden, erleichtern es, im Flow zu bleiben.

» Nie mehr als zwei oder drei laufende Projekte auf dem Schreibtisch liegen zu haben, hilft, konzentrierter bei der Sache zu sein.

» Alte Ordner und Unterlagen sollten regelmäßig aussortiert, entsorgt oder archiviert werden.

Nur das Allernötigste um sich zu haben, wirkt erstaunlich befreiend. Begnügen Sie sich nicht damit, den Arbeitsplatz »ordentlich« zu machen, indem Sie Dinge einfach nur wegpacken. Räumen Sie richtig auf, indem Sie alles aussortieren, was weg kann. Wenn Sie die vorhandenen Gegenstände nur umverteilen, hält die Ordnung nur wenige Tage.

JEDEN ABEND

Gewöhnen Sie sich an, jeden Abend den Schreibtisch aufzuräumen. Egal, ob im Homeoffice oder im Büro. Gläser und Tassen kommen in die Spülmaschine, Projekte kommen in entsprechende Mappen und am besten wird noch die To-do-Liste für den nächsten Tag geschrieben.

Die Arbeitsplatte in der Küche wischen wir regelmäßig ab, doch was ist mit Smartphone, Tastatur, Tablet & Co.? Es ist überraschend, was alles aus einer Tastatur kommt, wenn sie umgedreht und geschüttelt wird. Deshalb: Putzen Sie diese Dinge des täglichen Gebrauchs, so oft es geht! Je nach Oberfläche sollte die Tischplatte regelmäßig gesäubert werden.

Wie in allen anderen Bereichen gilt auch hier:

» Regelmäßig – also mindestens einmal pro Woche – aufräumen.

» Überflüssige Sachen erkennen und aussortieren.

» Nur die Dinge griffbereit und sichtbar liegen lassen, die auch wirklich benötigt werden.

» Alles andere sollte in einer Kiste oder Schublade verschwinden.

» Fleißig den (großen) Papierkorb nutzen und diesen regelmäßig ausleeren.

Denken Sie immer daran: Ein voller Schreibtisch beeinträchtigt die Konzentrationsfähigkeit!

EINGEHENDE POST

Egal, ob über den Briefkasten – an dem möglichst »Bitte keine Werbung« stehen sollte – oder über die Schultaschen der Kinder: Papierkram sollte vorsortiert werden, um Chaos auf dem Schreibtisch zu vermeiden.

Werbung, Briefumschläge und Folie von Zeitschriften können direkt entsorgt werden. Dann wird sortiert: Was kann sofort bearbeitet werden? Was gehört in den Posteingangskorb, um dessen Inhalt zu gegebener Zeit in einem Rutsch zu erledigen?

Ebenfalls zu vermeiden sind Stapel auf dem Schreibtisch. Oder auf dem Küchentisch – je nachdem, wo Ihre »Schwachstelle« ist. Stapel haben die unangenehme Nebenwirkung, dass sie wachsen. Schneller, als uns lieb ist. Da hilft nur eines: konsequent – mindestens einmal pro Woche – die Ablage bearbeiten, sortieren und abheften!

REGELMÄSSIG ENTRÜMPELN

Wenn alles seinen Platz hat, ist es leichter, Ordnung zu halten. Doch je mehr gesammelt wird, desto voller werden die Ordner. Deshalb ist ein bis zwei Mal im Jahr das große Aussortieren angesagt! Diesen Termin notiert man sich am besten im Kalender.

Für die Ablage gibt es einen simplen Trick: Für jede neue Information muss eine veraltete gehen – und nach »Verfallsdatum« sortiert werden.

Sollte die Ablage unüberwindbar hoch sein, dann planen Sie für die nächsten vier bis sechs Wochen einen festen Tag in der Woche ein – den Sie im Kalender notieren –, an dem Sie sich 30 Minuten lang nur um die Ablage kümmern. Entscheiden Sie zügig, was wirklich behalten werden muss und was weggeworfen werden kann. Arbeiten Sie sich von Woche zu Woche durch den Papierkram.

Wenn Sie konsequent und regelmäßig 30 Minuten pro Woche in diese Aufgabe investieren, werden Sie sich zum einen eine neue Gewohnheit damit zulegen und zum anderen werden Sie sehen, wie die Stapel von Woche zu Woche immer kleiner werden.

ABLAGESYSTEM

Ein klares Ablagesystem ist wichtig. Egal, ob für die berufliche oder die private Ablage. Unterlagen sollten immer nach Sachthemen gesammelt werden. Versicherungen gehören also nur in den Versicherungsordner, Mietsachen in den Mietordner etc. Damit es im Bedarfsfall auch für Dritte erkennbar ist: alles beschriften!

Mit optisch einheitlichen Stehsammlern und Ordnern im Regal sieht das Büro gleich noch ordentlicher aus.

Die Anzahl der Ordner, die benötigt werden, ist absolut individuell, doch erfahrungsgemäß stehen in den meisten Schränken viel mehr Ordner, als wirklich notwendig sind. Hier regelmäßig für Ordnung zu sorgen, ist hilfreich. Besser noch: Bevor ein neuer Ordner angelegt wird, lieber einen alten dafür leeren.

Was ist digitale Ordnung?

WAS IST DIGITALE ORDNUNG?

Anders als ein unaufgeräumter Schreibtisch ist Unordnung in der elektronischen Ablage nicht auf den ersten Blick sichtbar. Als Effektivitätskiller und Stressfaktor ist sie aber mindestens genauso wirkungsvoll.

Unordnung schleicht sich schnell ein, wenn man nicht aufpasst. Fast unbemerkt zieht sie im unsichtbaren digitalen Universum ein. Werfen wir also mal einen Blick auf die Technik, Bilder, Dateien und persönlichen Daten.

Was für analoge Ordner und Ablagesysteme gilt, gilt auch für die digitale Ordnung. Genauso kann man virtuell ein einheitliches und übersichtliches System kreieren. Sinnvoll ist, Ordner anzulegen, die beispielsweise nach Thema, Monat und Jahr gegliedert sind.

Was für Papierchaos gilt, gilt auch für Dateien, die unnötig Speicherplatz wegnehmen. Deshalb lieber regelmäßig überprüfen, was ein für alle Mal weg und was ins digitale Archiv wandern muss. Wer so etwas gerne vergisst, kann sich eine Erinnerung in seinen Kalender schreiben.

Ordnung im E-Mail-Postfach bewahrt man ebenfalls am einfachsten mit einem Ordner-System. Alle E-Mails lassen sich zu bestimmten Themen, Aufgaben oder Kunden in jeweilige Ordner ziehen, um sie dort auf einen Blick wiederzufinden. Überflüssige (Werbe-)Mails dürfen direkt gelöscht werden.

TECHNIK

Jedes technische Gerät muss gewartet werden, benötigt Aktualisierungen und gegebenenfalls auch eine digitale Reinigung. Sind PC, Laptop, Smartphone, Router etc. mit der aktuellsten Software ausgestattet und angemessen gesichert? Software- oder App-Aktualisierungen sollten nicht übersprungen werden. Nur wenn alles auf dem neuesten Stand ist, können Hersteller für die Sicherheit sorgen.

Ungenutzte Technik kann über verschiedene Plattformen verkauft werden. Unbedingt vorher alle persönlichen Daten löschen!

Welche Apps und Software werden genutzt? Trennen Sie sich regelmäßig von ungenutzten Mitgliedschaften, Programmen, Tools & Co. Es sollte von PC, Tablet und Smartphone gelöscht bzw. gegebenenfalls gekündigt werden.

Verschaffen Sie sich einen Überblick, bei wie vielen und welchen Plattformen Sie im Internet angemeldet sind. Wissen Sie, wo Sie überall Ihre Daten (Name, E-Mail, Geburtstag, andere Informationen) hinterlegt haben? Bei Hackerangriffen werden solche Daten gern gestohlen, deshalb ist es zum einen wichtig, ungenutzte Accounts zu löschen, und zum anderen, die restlichen Accounts mit sicheren Passwörtern zu versehen. Passwörter gelten ab 16 Zeichen als sicher, keines sollte mehrfach verwendet werden.

CHAOSECKEN

Nicht nur in der Wohnung, auch auf dem Desktop können sehr schnell Chaosecken entstehen. Genau wie bei den kleinen Haufen, die scheinbar von alleine wachsen, müssen auch die digitalen Chaosecken regelmäßig sortiert werden, um den Überblick nicht zu verlieren.

Fangen Sie mit dem Download-Ordner und den Bildern auf dem Smartphone an. Hier können Sie am effektivsten Platz schaffen. Löschen Sie alles, was nicht mehr benötigt wird, und verschieben Sie den Rest in entsprechende Ordner.

Planen Sie einen festen Tag in der Woche ein, an dem Sie sich eine Stunde lang nur um diese Chaosecken kümmern.

ORDNUNG AUF DEM DESKTOP

Jedes Icon auf Ihrem virtuellen Schreibtisch fordert Aufmerksamkeit und lenkt von anstehenden wichtigeren Aufgaben ab. Das kostet Konzentration und Kraft. Legen Sie deshalb nur Verknüpfungen zu laufenden Projekten auf Ihrem Desktop ab. Räumen Sie regelmäßig auf und entfernen Sie alles, was nicht mehr aktuell ist.

ORDNERSTRUKTUR

Besonders wichtig ist immer eine nachvollziehbare Ordnerstruktur. Welche ergibt für Sie Sinn: alphabetisch? Nach Themen? Oder nach Datum sortiert?

Legen Sie für die übergeordneten Themen maximal zehn Hauptordner an und nummerieren Sie sie von null bis neun, zum Beispiel nach der Wichtigkeit. Legen Sie in jedem Hauptordner maximal zehn Unterordner an, ebenso durchnummeriert. Um Verwirrung zu vermeiden, sollte keiner der Unterordner dieselbe Bezeichnung haben wie ein Hauptordner. Legen Sie einen weiteren Ordner mit dem Namen »Archiv« an. Die Unterordner bezeichnen Sie mit der Jahreszahl.

Widerstehen Sie der Versuchung, einen Ordner »Sonstiges« anzulegen! Dort sammelt sich nur allzu leicht Datenmüll.

DATENMÜLL

Die digitale Ablage verleitet dazu, nutzlose Daten anzuhäufen. Warum auch aufräumen, archivieren, löschen, wenn Speicherplatz fast unbegrenzt verfügbar ist? Weil Datenmüll Ressourcen frisst, also weg damit!

Achten Sie auf die Qualität der Informationen, die Sie abspeichern. Nicht alles, was Sie in einer Internetrecherche finden, können Sie später tatsächlich gebrauchen. Archivieren Sie in regelmäßigen Abständen und löschen Sie Daten, die Sie nicht mehr benötigen. Denken Sie dabei auch an Dokumente, deren gesetzliche Aufbewahrungsfrist abgelaufen ist.

Nutzen Sie den Abschluss eines Projekts zum Aufräumen und Aussortieren der gesammelten Daten und bewahren Sie nur die Essenz auf.

ORDNUNG IM POSTEINGANG

Sie bekommen zu viele E-Mails und der Posteingang quillt über? Ein voller Posteingang kann zu Stress führen. Denn damit blicken Sie jeden Tag mehrmals auf eine Liste mit unerledigten Dingen. Das erzeugt unnötigen Druck und das Abarbeiten selbst nimmt oft Zeit in Anspruch, die man nicht hat.

DATEN EINHEITLICH BENENNEN

Für Dokumente sollten eindeutige Regeln gelten. Legen Sie fest, ob Dateien chronologisch oder alphabetisch sortiert werden sollen. Für die chronologische Ordnung gehören folgende Informationen in die Dateinamen: Datum der jüngsten Bearbeitung sowie ein Stichwort zum Thema – es sollte einen eindeutigen Hinweis auf den Inhalt des Dokuments geben. Vermeiden Sie allgemeine Begriffe wie »Brief« oder »Korrespondenz«.

5 min

DIE FÜNF-MINUTEN-REGEL

Wer eine E-Mail liest, sollte sie möglichst auch gleich bearbeiten. Gehen Sie wie folgt vor:

» Löschen, falls es unwichtig ist.

» Weiterleiten, falls es nicht Sie betrifft bzw. jemand anderer etwas zu erledigen hat.

» Archivieren, falls es abgelegt werden muss.

» Bearbeiten/Beantworten, falls das in weniger als fünf Minuten zu erledigen ist.

» Termin dafür einplanen, falls die Bearbeitung aufwendiger ist.

E-MAIL-ZEITEN

Der größte Zeitfresser ist, immer wieder zwischendurch in die Mailbox zu schauen. Legen Sie einen oder auch mehrere feste Zeitblöcke am Tag fest, in welchen Sie E-Mails abarbeiten. Schalten Sie die Empfangssignale und -benachrichtigungen aus. So lassen Sie sich nicht immer wieder von Ihren Aufgaben ablenken und kommen insgesamt schneller voran.

NEWSLETTER ABBESTELLEN

So wie man am Briefkasten den Aufkleber gegen Werbung haben sollte, so sollte man regelmäßig Newsletter abbestellen, die man ohnehin nicht liest. Wer weniger im Posteingang hat, muss auch weniger abarbeiten.

KURZ UND KNAPP

» Erstellen Sie in Ihrem Posteingang ein einfaches Archiv.

» Lassen Sie Ihren Rechner unerwünschte E-Mails automatisch löschen.

» Treffen Sie zu jeder E-Mail immer eine klare Entscheidung: erledigen, löschen oder aufbewahren?

» Planen Sie täglich Zeiten ein, um E-Mails zu erledigen, statt das den ganzen Tag über immer wieder zu tun. Halten Sie sich an diese Zeiten und bearbeiten Sie Ihre E-Mails dann auch abschließend.

» Halten Sie eigene E-Mails kurz und bündig: was, wo, wann, warum, wer und wie?

DER ARBEITSPLATZ DER ZUKUNFT

Immer mehr Arbeitgeber sehen das langfristige Potenzial von Home-Arbeitsplätzen. Tobias begleitet sie in der technischen Umsetzung. Dabei ist er selber eher nicht so der Homeoffice-Typ.

Tobias Dahlhaus ist 43 Jahre alt, verheiratet und hat zwei Kinder. Mit seinem Unternehmen Dahlhaus & Laumann ist er IT-Servicepartner für den Mittelstand in Altenberge, Steinfurt und Münster. Sein Unternehmen setzt Firewalls ein, richtet Verbindungen ein vom Homeoffice zu den Firmen und berät seine Kunden zwecks IT-Sicherheit. Seine Mitarbeiter schauen sich an, wie die Unternehmen aufgestellt sind und welche Sicherheitsmaßnahmen in Bezug auf den Datenschutz verbessert werden können.

Von einem deutschen Hersteller für IT-Sicherheit hat er sich weiterbilden lassen und kann Firmen zertifizieren. Dies läuft ähnlich wie eine ISO-Zertifizierung, allerdings im Kleinen und nur auf die IT bezogen. So wird erkannt, wie der aktuelle Ist-Zustand aussieht und was noch getan werden muss, um die Sicherheit zu gewährleisten. Mit einer weiteren Firma ist Tobias als Datenschutzbeauftragter tätig und arbeitet eng mit einer Anwaltskanzlei zusammen, um das gesamte Feld abdecken zu können.

Kam mit Corona besonders viel Arbeit auf euch zu?
Arbeitstechnisch ja, weil natürlich alle zu Hause bleiben wollten und mussten. Alleine im März 2020 haben wir gut 120 Arbeitsplätze nach Hause verlegt. Da wir eine überschaubare Firma mit vier Mitarbeitern sind, ist das schon eine ganze Menge.

Für uns war es von Vorteil, dass wir diesen Job schon länger machen und die Möglichkeit des Homeoffice bei den meisten Kunden gegeben war. Letztlich mussten wir nur die Arbeitsplätze einrichten und die Mitarbeiter haben die Laptops mit nach Hause genommen. Von daher war es recht einfach. Viele Kunden möchten das jetzt weiter nutzen und die meisten Mitarbeiter, mit denen wir Kontakt haben, fühlen sich ganz wohl im Homeoffice.

Der Trend geht dahin, dass man keine festen Anwesenheitszeiten hat, sondern wesentlich flexibler arbeitet. Das geht natürlich nicht überall, doch bei vielen, und es kommt gut an. Vermutlich wird es auch 2021 bei vielen Homeoffice-Arbeitsplätzen bleiben, da uns Corona noch ein bisschen länger begleiten wird. Schwer zu sagen, wie es danach aussehen wird.

Mitarbeiter, die im Homeoffice arbeiten, müssen eine ganze Menge beachten. Es ist auch immer die Frage, wie gut sie von ihrem Arbeitgeber ausgestattet oder geschult werden. Viele Mitarbeiter gehen nach Hause und müssen einfach anfangen. Wenn man es richtig machen möchte, sollten erst einmal Arbeitsverträge angepasst werden.

Es gibt immer ein paar wenige, die sich schwer damit tun, von ihrem Zuhause aus zu arbeiten. Die meisten sehen aber die Vorteile, die ein Homeoffice mit sich bringt: zwischendurch mal die Wäsche zu machen oder einzukaufen. Letztlich geht es ja »nur« darum, die Arbeit fertigzustellen.

Wird das langfristig unsere neue Zukunft sein?
Das denke ich schon. Natürlich müssen die Firmen da mitspielen. Es gibt einige Sachen, die beachtet werden müssen, die aktuell noch nicht umgesetzt sind, weil die Zeit dazu fehlte, weil alles so schnell passiert ist. Aber auf Dauer werden die Firmen sicherlich den Mehrwert sehen.

Bei mir persönlich funktioniert Homeoffice übrigens nicht. Ich brauche die Umgebung meines Büros, zu Hause lasse ich mich zu schnell ablenken. Da bin ich nicht der Disziplinierte. Ab und zu arbeite ich abends von zu Hause aus, tagsüber aber eher nicht.

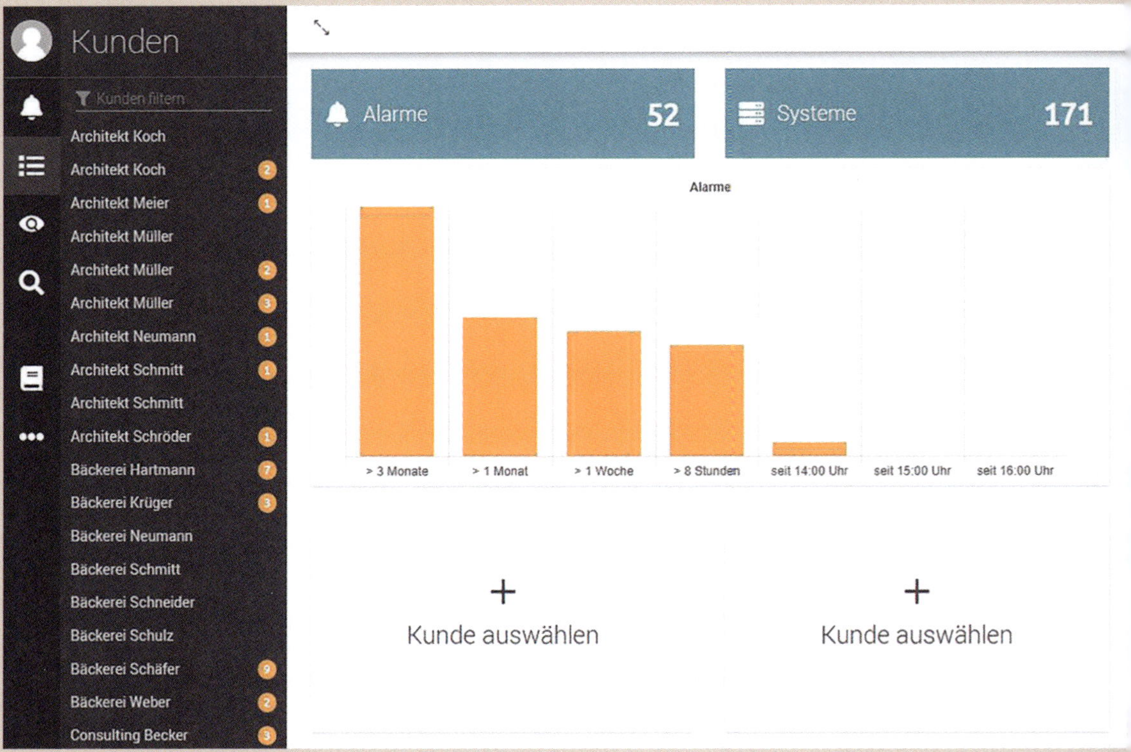

Bildschirmseite als Demo – keine echten Kundendaten

Seit Corona sind wir nicht mehr so oft bei Kunden vor Ort wie davor. Daran gewöhnen sich die Leute auch langsam. Dank Fernwartungs-software wie zum Beispiel Teamviewer oder Konferenz-Tools wie Zoom ist das auch relativ bequem machbar. Das wird sich in Zukunft noch weiter verändern.

Natürlich fehlen einem die persönlichen Kontakte, auch zu den Kunden. Aber man gewöhnt sich schnell an diese Art des Arbeitens.

Das ist übrigens auch ein wichtiger Punkt für das Homeoffice, dass die Leute kostensparend arbeiten, was jede Menge Vorteile für die Firmen hat. Ganz abgesehen davon, dass sich auch die Umwelt über das Homeoffice freut.

Es wäre interessant, jetzt mal fünf Jahre weiterzuzappen, um zu gucken, wie wir dann arbeiten, wie es sich bis dahin entwickelt haben wird. Ich denke, dass sich in Zukunft noch vieles entwickeln wird, zumal auch die Digitalisierung dahin geht. Es ist ja auch das, was wir wollen.

Wir geben der Digitalisierung jetzt die Möglichkeit und die Bühne dafür, das zu machen, was wir bisher verschlafen haben, was viele gar nicht auf dem Schirm hatten. Es gibt vieles, was jetzt endlich angestoßen wird.

Ist Dein Job krisensicher?

Mein Job ist auf jeden Fall systemrelevant. Aber ob er auch krisensicher ist, weiß ich nicht. Die Unternehmen machen sich Gedanken und geben das Geld nicht mehr so leichtfertig aus. Homeoffice-Arbeitsplätze kosten in der Entstehung erst einmal Geld und viele Unter-nehmen wissen nicht, wohin die Reise geht, und müssen sparen.

Das bedeutet: Die Home-Arbeitsplätze werden oft nicht in dem Maße aufgebaut, wie es eigentlich angebracht wäre. Anfangs wurde noch Geld investiert, weil keiner wusste, was wirklich passiert. Doch das hat sich schnell relativiert. Aktuell haben wir aber keinen schlechten Job.

Für die Zukunft würde ich mir wünschen, dass die Digitalisierung in Deutschland schneller vonstattengeht, wir liegen im internationalen Vergleich noch recht weit hinten. Was Home-Arbeitsplätze angeht, können wir uns von vielen Ländern eine Scheibe abschneiden. Andere sind wesentlich weiter als wir, auch was die Möglichkeiten durch das schnellere Internet angeht.

Das ist eine wesentliche Voraussetzung: Habe ich kein gutes Netz, nutzt mir das beste Homeoffice nichts. Da wird jetzt aber viel Geld in die Hand genommen, auch mit dem 5G-Netz wird es noch einen Leistungsschub geben.

Welche Nachteile siehst du im Homeoffice?
Die persönlichen sozialen Kontakte zu den Mitarbeitern fehlen, der schnelle Austausch in der Kantine oder auf dem Flur, bei dem oftmals Ideen entstehen. Das kann ein großer Nachteil sein für eine Firma. Ich glaube nicht, dass das über Kamera genauso gut funktioniert.

Vielleicht ist es Gewöhnungssache, dass solche Dinge nicht mehr spontan entstehen, sondern nur auf Verabredung. Spontaneität kann Kreativität fördern, doch wenn der direkte Austausch fehlt, müssen wir wohl langfristig auf Zoom, Skype oder Ähnliches setzen.

Rein arbeitstechnisch sehe ich keinen Nachteil im Homeoffice. Alles in allem ist das Thema Homeoffice auch vom jeweiligen Job abhängig. Bei großen Firmen, Versicherungen und öffentlichen Stellen lief das alles ein bisschen anders, die haben noch mal richtig in Hardware investiert.

Wir sprechen jetzt mit unseren Kunden, wie sie die Zukunft mit dem Homeoffice sehen, und werden sie dann begleiten, diese richtig auszubauen. Da gibt es noch eine Menge zu tun, auch was die Aufklärung angeht. Besonders aus der Sicht des Datenschutzes und der IT-Sicherheit.

Achtsames Arbeiten

ACHTSAMES ARBEITEN

Wer kleine Achtsamkeitsübungen in seinen Tagesablauf integriert, entschleunigt seinen Alltag und reduziert Stress. Dies verbessert seine Lebensqualität und beugt gezielt beruflicher Überlastung vor. Achtsamkeit ist also viel mehr als nur ein Hype oder Modewort und funktioniert auch ohne buddhistisches Kloster.

Achtsamkeitstraining am Arbeitsplatz hilft, den Fokus auf eine Sache zu lenken und die Aufmerksamkeit gezielt auszurichten. Bei regelmäßiger Übung können wir diese Fähigkeit jederzeit abrufen, auch während der Arbeit. Während Achtsamkeit am Arbeitsplatz unsere Konzentration stärkt, kann sie während der Erholungsphase auch für die nötige Entspannung sorgen.

Unsere Arbeitswelt wird sich nicht von alleine entschleunigen, also müssen wir uns um uns selber kümmern. Eine ausgewogene Morgenroutine, Methoden wie Deep Work und Achtsamkeitstraining bilden deshalb die ideale Ergänzung zum Berufsalltag, ganz egal, ob im Homeoffice oder im Büro. Diese Techniken können dabei unterstützen, konzentrierter zu arbeiten, wenn nötig, auch mal abzuschalten und am Ende des Tages den Feierabend richtig zu genießen.

WAS BEDEUTET ACHTSAMKEIT?

Achtsamkeit ist eine Form der Meditation und stammt ursprünglich aus dem Buddhismus. Achtsam zu sein, heißt, Momente bewusst zu erleben und auf seine inneren Regungen zu horchen – ohne jegliche Wertung. Damit schützt man seine Psyche und entschleunigt sein Leben.

Es gibt zahlreiche Kurse, in denen man Achtsamkeit lernen kann. Die meisten dieser Übungen lassen sich genauso einfach zu Hause absolvieren und in den Alltag integrieren. So schafft man es ohne viel Aufwand, täglich zur Ruhe zu kommen und zu entspannen.

Achtsamkeit ist nicht nur im Privaten hilfreich, sondern auch am Schreibtisch oder bei Meetings. Wer sie sich im anstrengenden Job antrainiert hat, ist weniger erschöpft und mit seinem Beruf zufriedener. Nur ein paar Minuten pro Tag reichen aus, um sich einen Puffer gegen Arbeitsstress zuzulegen.

Achtsamkeit schafft eine Verbindung zwischen Körper und Geist, die täglich gestärkt werden muss. Im Grunde genommen ist es eine Fähigkeit, die man trainieren kann wie einen Muskel, um beispielsweise in Stresssituationen bedachter zu agieren und zu reagieren. Achtsamkeit ist demnach etwas, das man trainieren muss und nicht von Beginn an beherrscht.

STRESS IM ARBEITSALLTAG

Für viele gehört Stress zum Arbeitsalltag. Wenn wir versuchen, eilige Termine einzuhalten oder kranke Kollegen zu vertreten, kann unser Arbeitsumfeld schon mal überwältigend wirken. Häufig vertreten wir die Ansicht, wir müssten uns nur mehr bemühen, um immer mehr zu schaffen.

Doch wenn wir uns selbst vernachlässigen und schließlich auf dem Zahnfleisch gehen, zahlen wir den Preis. Unsere Konzentration lässt nach und wir sind weniger produktiv.

Die Reaktion auf Stress passiert oft automatisch und unbewusst, sodass wir sie gar nicht wahrnehmen. Der Vorteil von Achtsamkeit besteht darin, dass wir besser erkennen, wann wir überfordert sind. So können wir eine Pause einlegen und uns noch einmal neu ausrichten. Es ist das beste Mittel gegen Multitasking und Ablenkung und somit der Schlüssel zu einem gesünderen Umgang mit Stress.

UNUNTERBROCHENES SCHÄRFEN VERSCHLEISST DIE KLINGE.

DAO CHING

Wenn wir nur eine Minute lang meditieren, gestatten wir unserem Gehirn eine Pause und können erfrischt wieder ans Werk gehen. Daher schlage ich eine Übung vor:

ACHTSAMKEITSÜBUNG

Finden Sie mit einer Stoppuhr heraus, wie viele Atemzüge Sie in einer Minuten nehmen können. Atmen Sie lang und tief und zählen Sie jeden vollständigen Atemzug als einen.

Wenn Sie das nächste Mal an ihrem Arbeitsplatz feststellen, dass Sie gestresst sind und Sorgen überhandnehmen, schließen Sie ihre Augen und nehmen Sie genau diese Anzahl Atemzüge, während Sie langsam mental zählen. Wenn Sie damit fertig sind, haben Sie eine achtsame Minute verbracht.

Auch wenn es kontraproduktiv erscheinen mag, eine Pause einzulegen, während sich die Arbeit weiter stapelt, hilft diese Übung dabei, sich nicht von der Last erdrücken zu lassen und die Produktivität zu steigern.

EIN- UND AUSATMEN

Sich auf seine Atmung zu konzentrieren, ist eine der besten Möglichkeiten, um im Hier und Jetzt geerdet zu bleiben. Das kann man wirklich problemlos überall tun, es kostet nichts und man benötigt auch keine App, keinen Lehrer und keinen Kurs dafür.

Die einfachste Atemübung, um sich Ruhe und Klarheit zu verschaffen, geht so: beim Ausatmen bis zehn zählen und beim Einatmen wieder rückwärts bis null.

MEDITIEREN

Meditation sorgt für Klarheit und innere Ruhe. Tausende Gedanken schwirren uns täglich durch den Kopf. Das kann zum Problem werden, wenn Sie vor lauter negativen Gedanken, Stress und Hektik kaum noch klar denken können. Meditation ist ein Weg, dem Gedankenchaos ein Ende zu setzen.

Immer noch genießt Meditation bei einigen einen eher zweifelhaften Ruf – als Esoterik-Übung oder spirituell-religiöse Lehre für Leere im Kopf. Beide Klischees sind falsch.

Beim Meditieren soll man einfach nur ruhig und still werden und die Aufmerksamkeit jedes Mal, wenn der Geist abschweift, wieder auf die Atmung oder den Körper lenken.

ENTSCHLEUNIGEN

Achtsamkeit in den Arbeitsalltag zu integrieren, reduziert also Stress und sorgt für mehr Freude im Job.

Oft stressen wir uns aber selbst, setzen uns unter Druck mit Sätzen wie: »Ich bin sofort bei dir«, »Ich mach noch mal eben schnell ...«, »Lass uns ganz kurz ...«. Wer sich diese Sätze abgewöhnt, wird automatisch ruhiger.

Hat heute nicht geklappt? Dann versuchen Sie es morgen wieder. So lange, bis Sie es verinnerlicht haben. Denn in der Ruhe liegt die Kraft.

» Was stresst Sie gerade?
» Wofür fehlt die Zeit?
» Wofür hätten Sie gerne mehr Zeit? Was hindert Sie daran, sich diese Zeit zu nehmen?
» Planen Sie zu wenig Zeit ein für bestimmte Dinge? Und setzen Sie sich damit unter Druck?
» Was sagt eigentlich Ihr Körper?

Leider ignorieren wir unseren Körper zu häufig, obwohl er schon die ersten Alarmsignale sendet. Achtsamkeit und Entschleunigung sind bewusste Entscheidungen und nichts, das zufällig passiert. Jeder ist für sich selbst verantwortlich.

Nehmen Sie sich die Entspannungszeiten, die Sie brauchen! Es ist meist kaum damit zu rechnen, dass Ihnen jemand von sich aus freiwillig vorschlägt: »Komm, entspann dich mal, ich kümmere mich um Haus/Hof/Kind/Hund!« Sie müssen sich alleine darum kümmern und die Zeiten dafür festlegen.

Überlegen Sie also, was Sie sich wünschen, was Ihnen wichtig ist, und suchen Sie aktiv nach Lösungen.

KURZ UND KNAPP

Gute Gedanken für stressige Tage

» Es muss nicht sofort passieren.

» Sie dürfen auch mal Nein sagen.

» Vergessen Sie die Kaffee-, Mittags- und Teepause nicht.

» Erledigen Sie immer nur eine Aufgabe nach der anderen.

» Gehen Sie hinaus und fühlen den Wind im Haar. Schon zehn Minuten am Tag in der Natur machen einen Unterschied.

» Alles braucht seine Zeit. Mit Ruhe und Gelassenheit läuft alles besser.

» Erledigt ist oft besser als perfekt.

» Vergessen Sie Multitasking.

LERNE, WIE DU
DEINEN GEIST BERUHIGEN
KANNST, UND DU
WIRST INNEREN FRIEDEN
ERFAHREN.
BUDDHISTISCHE LEBENSWEISHEIT

Wie schafft man Ordnung im Kopf?

WIE SCHAFFT MAN ORDNUNG IM KOPF?

Chaos im Kopf? Schreiben hilft! Entweder am Morgen bei der ersten Tasse Tee oder Kaffee notieren, was anliegt und erledigt werden muss. Oder am Abend, bevor man den Tag abschließt, schon mal aufschreiben, welche drei Aufgaben am nächsten Tag unbedingt erledigt werden müssen.

Es gab eine Zeit in meinem Leben, da dachte ich, dass niemals Ordnung und damit Ruhe in meinem Kopf einkehren wird. Heute bin ich so entspannt, dass ich jederzeit einen kühlen Kopf bewahren kann, egal, wie wild mein Leben gerade tobt. Schreiben ist das Zauberwort. Es hilft mir immer. Um Gedanken und Ideen zu sortieren, um den Tag zu planen, um Ordnung im Kopf zu schaffen. Herumschwirrende oder bohrende Gedanken können uns schnell von unserer eigentlichen Arbeit ablenken. Der einfachste Weg, solche Dinge loszuwerden, sind Stift und Papier.

Es kann passieren, dass ich mitten in einem Gespräch auf einen Gedankengang abschweife und mich entschuldige, weil ich ihn festhalten und aufschreiben muss. Denn solche Eingebungen enthalten oft die besten Ideen. Wann immer ich etwas Interessantes höre – egal, wie groß, klein, einfach oder komplex eine Idee ist –, schreibe ich es auf. Wenn die Inspiration ruft, muss man sie einfangen. Eine nicht notierte Idee ist eine verlorene Idee.

Aus diesem Grund habe ich immer ein Heft und einen Bleistift griffbereit. Neben dem Computer, in der Handtasche oder in der Küche. Habe ich mal nichts dabei, muss die Notizfunktion meines Handys herhalten.

MASTERPLAN

Schwierig wird es, wenn zu viele Notizen und Hefte im Umlauf sind und die Gedankensplitter überall und damit unübersichtlich verteilt sind. So ging es mir eine Zeit lang, bis ich die Anzahl meiner Notizhefte radikal heruntergeschraubt habe.

Meine wichtigste Hilfe, um Ordnung im Kopf herzustellen, ist der große Kalender in Buchform, der auf meinem Schreibtisch neben dem Computer liegt. Das ist mein Masterplan, an dem ich mich entlangarbeite und immer sehe, was in den kommenden Wochen anliegt und wann ich mir welche Gedanken zu welchen Themen machen muss. Ohne diesen Masterplan wäre ich aufgeschmissen.

In diesem Kalender stehen Fristen und kleine Erinnerungen. Hier notiere ich aber auch, wann ich den Wasserkocher entkalken (alle vier Wochen) oder das Wohnzimmerfenster putzen muss (alle sechs Wochen). Würde ich mir diese Dinge nicht notieren und häppchenweise erledigen, entstünde ein Putz-Stau: Ich würde erschrocken auf das staubige Klavier blicken oder mich fragen, wann ich eigentlich das letzte Mal die Gardinen gewaschen habe.

KALENDER

Neben dem Masterplan habe ich noch einen kleinen Taschenkalender in meiner Handtasche, in dem private Sachen stehen. Hier notiere ich Arzttermine, Verabredungen mit Freunden und Geburtstage. Ich habe mich bewusst gegen eine digitale Kalenderführung entschieden, um nicht noch mehr Zeit am Handy oder Laptop zu verbringen.

Und letztlich gibt es noch einen weißen Block auf meinem Schreibtisch, auf dem meine täglichen oder wöchentlichen To-dos stehen. Dinge, die mir einfallen und die ich aus dem Kopf bekommen möchte.

GEDANKEN AM ABEND

Mittlerweile nutze ich den Notizblock neben meinem Bett nicht mehr so häufig wie früher. Dadurch dass ich von zu Hause aus arbeite und den ganzen Tag nichts anderes tue, als Gedanken aufzuschreiben und umzusetzen, bin ich in der Lage, spätestens um 20 Uhr alles zuzuklappen und Feierabend zu machen. Im Bett wird nur noch zur Entspannung gelesen – Gedanken werden dort nicht mehr gewälzt.

Wenn ich allerdings merke, dass mir doch noch zu viel im Kopf herumschwirrt, greife ich zu Stift und Zettel. Es hilft ungemein, Sachen aufzuschreiben, um sie nicht ständig im Kopf behalten zu müssen. Aufgaben zu notieren, bedeutet aufzuräumen im Kopf. Zu diesem Punkt gibt es später noch das Kapitel zum Braindumping.

ZIELE NOTIEREN

Viele Menschen habe viele Ziele. Wer sie nur mündlich formuliert, erreicht sie erfahrungsgemäß nicht so gut, wie wenn er sie auch schriftlich fixiert. Noch besser ist es, wenn man sich zusätzlich notiert, wie man an dieses Ziel gelangen möchte, welche Zwischenschritte nötig sind. Das funktioniert sowohl, wenn man sich mehr Ordnung wünscht, als auch um berufliche Ziele zu erreichen.

Ich schwöre auf das Aufschreiben. Nicht nur, um zu sehen, was ich alles schaffen möchte, sondern auch, um im Auge zu behalten, was erledigt werden muss oder was ich noch tun möchte.

DAS EIGENE SYSTEM FINDEN

Jeder Mensch hat sein eigenes Notiz- und To-do-System. Doch wenn man merkt, dass man sich zu oft mit vielen kleinen Post-it-Zetteln regelrecht verzettelt, dann wird es Zeit, sich damit auseinanderzusetzen. Damit man keinen Termin verschwitzt, sollten alle wichtigen Termine augenblicklich in einen Kalender (digital oder analog) eingetragen werden. Was sich für die einen wie eine Selbstverständlichkeit anhört, ist für die anderen noch nicht in Fleisch und Blut übergegangen – dabei erleichtert es das Leben ungemein, nicht immer an alles denken zu müssen, sondern den Kalender damit zu beauftragen. Wichtig ist: Keep it simple. Die schönsten Kalender-Tools nutzen nichts, wenn sie zu kompliziert sind und das Leben nicht erleichtern.

TAGESPLAN

Wer erst kurze Zeit im Homeoffice verbracht, sich gerade selbstständig gemacht oder mit einem Studium begonnen hat, für den ist es enorm wichtig zu lernen, seinen Tag sinnvoll zu planen und sich dabei nicht zu viel vorzunehmen. Man sollte sich auf eine wichtige oder drei weniger wichtige Aufgaben konzentrieren, die man pro Tag abarbeiten möchte. Wenn das gut klappt, kann man dem Tagesplan drei bis vier kleinere Aufgaben hinzufügen.

Bei der Auswahl sollte man darauf achten, dass sich eine der Aufgaben notfalls in den Plan des nächsten Tages verschieben lässt. Oder wenn es richtig gut läuft, kann man eine Sache vorziehen, die eigentlich für das Ende der Woche eingeplant war.

Selbst wenn man seinen Tag optimal plant, wird es nicht gelingen, alle Aufgaben, die auf einen warten, an nur einem Tag zu erledigen. Daher ist es nötig, dass wichtige und dringende Aufgaben von weniger wichtigen oder dringenden getrennt werden.

PUFFER

Man sollte nie mehr als 60 Prozent seines Tages verplanen, um eine realistische Chance zu haben, den Tagesplan auch einzuhalten. 40 Prozent der täglich zur Verfügung stehenden Arbeitszeit sollten für Ungeplantes reserviert bleiben, für unvorhergesehene Störungen oder dringende Zusatzaufgaben.

EINHALTEN

Es gehört einiges an Disziplin dazu, gerade zu Anfang den Tagesplan genau einzuhalten. Treffen Sie deshalb am Abend oder dann, wenn Sie den nächsten Tag geplant haben, eine Vereinbarung mit sich selbst, dass Sie alles daransetzen werden, das Vorgenommene einzuhalten. Das schafft Verbindlichkeit und macht es schwieriger, von dem gesetzten Ziel abzukommen.

Sollte es trotz allem nicht funktioniert haben, sehen Sie das Positive daran: Sie haben eine Rückmeldung, wie Sie künftig besser planen können und langfristig mit dieser Methode erfolgreicher werden.

DANKBARKEIT

Was auch für Ordnung im Kopf sorgt und zudem einen positiven Effekt hat: wenn man sich am Abend drei Dinge im Rückblick notiert, für die man an diesem Tag dankbar war oder die besonders gut gelaufen sind. Dieses Ritual schärft den Blick auf sich selbst. Dinge, die man sonst als selbstverständlich hingenommen hätte, werden einem viel bewusster. Man nimmt wahr, was man erreicht hat und wie es einem wirklich geht. Auch das ist wieder eine kleine Achtsamkeitsübung.

Wie funktioniert Selbstmanagement?

WIE FUNKTIONIERT SELBSTMANAGEMENT?

Wer seinen Arbeitsalltag besser in den Griff bekommen will, sollte sich Gedanken über Selbstmanagement machen. Zeit hingegen kann man nicht managen. Es geht vielmehr darum, uns selbst und die eigene Arbeitsweise zu organisieren und so das Beste aus unserer Zeit zu machen.

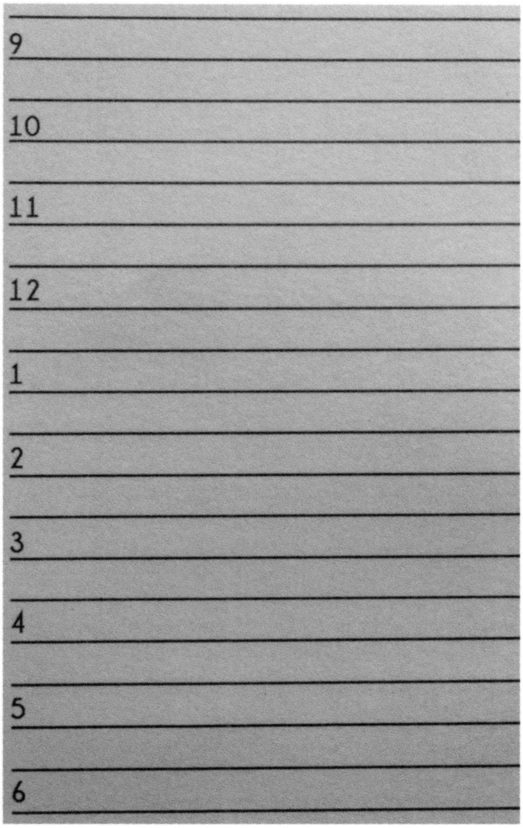

Jeder Tag hat für jeden Menschen 24 Stunden, egal, ob wir ihn managen oder nicht. Das ist einerseits höchst gerecht, andererseits lässt sich nicht verleugnen, dass das einigen Menschen mehr Probleme bereitet als anderen, und erklärt die vielen Ratgeber zum Thema. Zeitmanagement, Zeitsparmethoden – diese Begriffe sind jedoch irreführend, denn sie erwecken den Eindruck, als könne man Zeit managen oder einsparen. Doch an der Zeit selbst lässt sich nichts drehen. Wir können sie weder verlieren noch gewinnen und somit auch nicht in den Griff bekommen.

Es geht vielmehr darum, uns selbst zu managen und zu lernen, fokussiert zu arbeiten, denn unsere Aufmerksamkeitsspanne leidet unter unserem digitalen Lebensstil. Gewinnen wir unsere Konzentration zurück, haben wir am Ende des Tages nicht mehr das Gefühl, dass uns die Zeit davonrennt und wir uns mit Zeitsparmethoden beschäftigen müssen.

SELBSTMANAGEMENT

Was bedeutet es genau, sich selbst zu managen? Es geht darum, den eigenen Arbeitsalltag bewusst in die Hand zu nehmen. Dazu zählen: Planung, Organisation, Motivation und Zielsetzung.

Konkret umfasst Selbstmanagement folgende Punkte:

- » sich selbst besser zu organisieren,
- » sich schon morgens einen Überblick zu verschaffen,
- » Aufgaben zu planen,
- » Aufgaben zu priorisieren und
- » über den Tag motiviert zu bleiben.

Um uns selbst gut zu führen, brauchen wir ein Verständnis von der eigenen Persönlichkeit und das Wissen, was genau uns aus welchem Grund motiviert. Eine sinnvolle Planung von Aufgaben bedeutet, den Blick fürs Wesentliche zu schärfen. Es geht darum, die eigene Einstellung zu hinterfragen zu den vielen Aufgaben, die wir oft alle als gleich wichtig bewerten. Gerade bei

WER SAGT, ER HABE KEINE ZEIT, DER LÜGT. ODER IST TOT. WIR SIND SELBST DIE ZEIT.

KARLHEINZ GEISSLER, ZEITFORSCHER

hohem Arbeitsdruck sollte man sich die Zeit nehmen, erst einen Plan zu erstellen (siehe Braindumping), statt sofort in den höchsten Gang zu schalten.

MONOTASKING

Alles gleichzeitig kann nicht gelingen. Einzelne Aufgaben brauchen absolute Konzentration. Im Gegensatz zu Multitasking wird bei Monotasking nur eine einzige anstehende Sache erledigt, diese aber mit voller Konzentration und Aufmerksamkeit. Statt mehrere Bälle gleichzeitig in der Luft zu halten, sollten wir sie nacheinander abfeuern. Dabei helfen Listen. Sie schaffen Struktur und geben uns ein gutes Gefühl. So ein Haken hinter einem To-do schafft es tatsächlich, Glückshormone auszuschütten.

Manche Tage schreien förmlich nach Multitasking und das ist ziemlich verführerisch, schließlich sind wir darauf trainiert, möglichst viele Dinge gleichzeitig zu erledigen. Stattdessen sollte man eines nach dem andren abarbeiten und genug Zeit für Pausen einplanen.

PRIORITÄTEN

Wichtige Aufgaben, die in kurzer Zeit erledigt werden können, sollten als Erstes auf der To-do-Liste stehen. Vor allem solche, die einem unangenehm sind, wie zum Beispiel das Kommunizieren von Absagen, Kritik oder kurzfristigen Terminänderungen.

FOKUSZEIT

Um seine Zeit sinnvoll einzuteilen, hilft es, sich Zeitblöcke zu setzen und diese in den Kalender einzutragen. Besonders bei kreativen Aufgaben, wie zum Beispiel Texten oder Konzeptionieren, sollte man sich unverfügbar zu machen – und das auch offen kommunizieren. Wichtige Deadlines oder intensive Aufgaben transparent zu machen, erntet mehr Verständnis für den produktiven Rückzug. Dabei darf man ruhig mal alle Nachrichten stumm schalten und das Postfach schließen. Wer Schwierigkeiten mit der eigenen Disziplin hat, kann sich sogar Website-Blocker für den Browser installieren, die zum Beispiel Nachrichten- oder Social-Media-Plattformen für einen gewünschten Zeitraum nicht durchlassen.

KONZENTRATION

Die größten Zeitfresser sind Unterbrechungen jeder Art. Kleine Ablenkungen im Alltag haben eine große Wirkung auf unsere Konzentrationsfähigkeit. Ein Kollege hat eine wichtige Frage, der Wasserkocher zischt, der Posteingang füllt sich und eigentlich erwartet man einen wichtigen Anruf. Studien haben ergeben, dass sich die Hälfte aller Arbeitnehmer nicht mehr länger als 15 Minuten am Stück konzentrieren kann, bevor ihre Arbeit ungewollt unterbrochen wird. Das ist fatal, denn nicht nur die Aufmerksamkeitsspanne leidet unter der permanenten Ablenkung, sondern auch die Produktivität. Nach jeder Unterbrechung einer Tätigkeit brauchen wir einige Minuten, um konzentriert und produktiv an der begonnenen Aufgabe weiterarbeiten zu können.
Konzentration kann man aber lernen. Mit Geduld, achtsamem Arbeiten und regelmäßigen Offlinezeiten. Ist die volle Konzentration über einen langen Zeitraum gefordert, dann braucht es eindeutig Deep Work (siehe Kapitel dazu). Ob Masterarbeit, Forschungsprojekt oder knifflige Aufgabenstellung, manche Herausforderungen lassen sich nur lösen, indem man sich wirklich in sie vertieft.

PROKRASTINATION

Wie oft haben Sie sich schon gefragt: Wie soll ich das alles nur schaffen? Und wie oft sind Sie dann auf dem Sofa sitzen geblieben? Ganz falsche Richtung!

Gerade wenn man zu Hause arbeitet, wird man schnell abgelenkt: Es klingelt an der Tür, irgendwer ruft an, es folgen Whatsapp-Nachrichten oder E-Mails, eine nach der anderen. Und manchmal erscheint einem die Bügelwäsche viel attraktiver als die nächste Steuererklärung. Doch wenn am Ende des Tages die wichtigsten Aufgaben noch immer unbearbeitet auf dem Schreibtisch liegen, dann muss man etwas an seinen Prioritäten ändern.

Prokrastination ist das Wort für extremes Aufschieben. Es ist eine Arbeitsstörung, die durch ein nicht nötiges Vertagen des Arbeitsbeginns oder auch durch sehr häufiges Unterbrechen des Arbeitens gekennzeichnet ist, sodass ein Fertigstellen gar nicht oder nur unter enormem Druck zustande kommt. Die »Aufschieberitis« ist ein gängiges Problem. Gerade Dinge, die unangenehm sind, schieben wir gerne vor uns her. Auf Dauer lähmt diese Einstellung aber enorm.

Wenn Sie all die Sachen, die zu tun sind, auf einem Zettel notieren, behalten Sie den Überblick und können nach und nach die Punkte abhaken. Niemand sagt, dass Sie alles an einem Tag erledigen müssen. Manchmal hat man mehr Punkte auf der Liste stehen als tatsächlich die Zeit dafür, um diese Dinge auch alle zu schaffen. Da hilft nur eines: Prioritäten setzen und Zeitfenster dafür erstellen.

Diese sehen bei jedem anders aus – die Prioritätenliste sowieso. Aber jeder von uns hat dieselbe Dauer an Zeit zur Verfügung: 24 Stunden abzüglich der Schlafenszeit.

Lösen Sie sich von der Vorstellung, alles perfekt machen zu müssen! Wichtig ist nur, dass Sie irgendwo anfangen. Wer sich zu viel vornimmt und zu viel von sich selbst verlangt, blockiert seine Energie. Beginnen Sie im Kleinen und erfreuen Sie sich an jedem – noch so kleinen – Erfolgserlebnis. Aber fangen Sie an!

MACH MAL PAUSE!

Damit wir uns den ganzen Tag über optimal konzentrieren können, sollten wir alle 90 Minuten eine kleine Pause einlegen. Nach spätestens vier Stunden Arbeit sollte sie eine Dauer von 30 Minuten haben. Kurze Unterbrechungen der Arbeit sind durchaus sinnvoll. Pausen sollten allerdings auch als solche genutzt werden und nicht dazu, alle Social-Media-Feeds zu aktualisieren. Stattdessen kann man ruhig einmal aufstehen, sich ein Glas Wasser holen, an die frische Luft gehen oder mit Kollegen chatten. Diese Technik ist als Pomodoro-Workflow bekannt.

KURZ UND KNAPP

» Selbstmanagement bedeutet: Prioritäten im Alltag setzen und Ziele erreichen.

» Selbstmanagement findet ausschließlich im Kopf statt. Wenn es hier nicht stimmt, hilft keine Methode und keine App.

» Monotasking statt Multitasking.

» Es gibt keine richtige oder falsche Methode, um sich selbst zu managen.

» Fragen Sie sich: Muss ich das jetzt wirklich machen?

MEHRERE BÄLLE JONGLIEREN

Lisa ist als Fotografin vom Tageslicht strukturiert. Da ihr Beruf ihre Berufung ist, muss sie nicht so scharf zwischen Arbeit und Privatleben trennen. Die fließende Grenze beherrscht sie durch Disziplin und Fleiß.

Lisa Nieschlag ist 43 Jahre alt und Designerin, Foodfotografin, Kochbuch-Autorin und Food-bloggerin. Seit 20 Jahren führt sie gemeinsam mit ihrem Kompagnon Lars Wentrup die Agentur für Kommunikations-Design Nieschlag + Wentrup. Sie unterstützt Unternehmen in ihrer Kommunikation nach außen durch Printmedien und Webdesign. Das kann beispielsweise die Entwicklung eines Corporate Designs sein, aber auch die Entwicklung von Magazin-Layouts, Kampagnen, Plakaten, die Gestaltung von Logos und Signets, das Verfassen von Geschäfts-berichten etc.

Lisa hat sich vor rund zehn Jahren auf das Thema Foodfotografie spezialisiert. Die Bildinszenierung von Küchen und vor allem von Essen ist ihre Leidenschaft. Mittlerweile hat sie 18 Kochbücher veröffentlicht, organisiert und gibt deutschlandweit »Workshops für Foodstyling & Fotografie«. Darüber hinaus ist sie allein-erziehende Mutter einer zehnjährigen Tochter.

Seit wann arbeitest Du im Homeoffice?

Unsere Agentur ist im Herzen Münsters, dort bin ich regelmäßig vormittags, habe dort meinen Rechner und Schreibtisch und auch die Nähe zu unseren Mitarbeitern und Kollegen. Mein Arbeitsplatz für die Fotografie, wenn ich an Foodaufträgen arbeite, ist aber daheim. Dort habe ich Küche und Studio vereint. Das mach ich schon einige Jahre lang so. Mein Laptop steht auf dem großen Küchentisch. Von dort arbeite ich für die Agentur: beantworte E-Mails, tele-foniere, organisiere, gestalte, bearbeite Fotos etc.

Während Corona war ich komplett zu Hause und gar nicht in der Agentur. So hatten mein Kompagnon und ich das aufgeteilt: er in der Agentur, ich im Homeoffice. Damit, falls einer von uns ausfällt, nicht der andere auch angesteckt ist. Außerdem hatte ich ja monatelang meine Tochter daheim und habe neben der Arbeit noch das Homeschooling gewuppt.

Hast du feste Arbeitszeiten?

Ich starte jeden Morgen zwischen 8 und 9 Uhr, ob zu Hause oder in der Agentur. In der Agentur bin ich bis mittags, kümmere mich dann zu Hause um meine Tochter und versuche oft, nach-mittags noch zu arbeiten. Das gelingt mal mehr, mal weniger. Daheim bin ich hauptsächlich Mutter.

Wenn ich fotografiere, bestimmt die Natur meine Arbeitszeit, weil ich nur mit natürlichem Licht fotografiere. Im Sommer kann ich zwischen 8.30 Uhr und 16 Uhr fotografieren, im Winter kürzer. Das bedeutet, dass ich, nachdem das

Licht fürs Fotografieren weg ist, oft noch abends, sobald meine Tochter im Bett liegt, am Rechner sitze.

Welche Vorzüge hat das Homeoffice für dich?
Da ich für meine Foodfotografie immer auch eine Küche brauche, ist es daheim ideal zu arbeiten. Außerdem habe ich genügend Platz im Keller für meine sehr umfangreiche Requisiten-Sammlung. Ich kann mir die Zeit flexibel einteilen. Ein weiterer Vorteil ist definitiv, dass ich, wenn meine Tochter aus der Schule kommt, für sie da sein kann. Dann ist es auch egal, ob ich noch schnell etwas fotografieren muss oder nicht. Meine Tochter braucht es, dass ich da bin. Ihr diese Sicherheit geben zu können, war mir immer wichtig.

Während Corona und der Zeit des Homeschoolings war ich nie allein. Da gab es immer meine Tochter, die Aufmerksamkeit wollte oder mit der ich Hausaufgaben machte. In dieser Zeit kommunizierte ich mit unseren Mitarbeitern und meinem Kompagnon oft via Zoom teilweise 1,5 Stunden lang, und das zweimal am Tag. Oder ich führte Zoom-Gespräche mit Kunden. Da war es schwer, mich gleichzeitig um die schulischen Aufgaben des Kindes zu kümmern. Ich musste oft mehrere Bälle gleichzeitig in der Luft jonglieren. Dennoch war es auch eine schöne Phase – so viel Zeit mit der Tochter zu verbringen. Wann hat man das schon!

Welche Nachteile siehst du im Homeoffice?
Die Herausforderung besteht ganz klar darin, dass die Trennung zwischen Arbeit und Privatleben oft fehlt oder sehr fließend ist. Dass ich nie Feierabend habe, sondern ständig und immer arbeiten könnte, weil mein Büro gleichzeitig die Küche ist und umgekehrt. Außerdem hab ich immer Zugang zum Server in der Agentur. Egal, wo ich bin. Da die Grenze zu ziehen, ist herausfordernd und zwingt oft zu Disziplin. Ich habe aber das große Glück, dass meine Arbeit meine Leidenschaft ist und umgekehrt. Oft merke ich gar nicht, dass ich arbeite, weil es mir solche Freude macht.

Wenn ich Ruhe habe, fällt mir kreatives Arbeiten leichter. Mit Terminen im Nacken ist es oft herausfordernd. Zeitdruck ist leider der größte Feind der Kreativität.

Welche Tipps hast du fürs Homeoffice?
Wichtig ist ein strukturierter Tagesablauf. To-do-Listen helfen mir immer sehr, um den Überblick zu behalten. Auch wenn ich zu Hause arbeite, stehe ich früh auf und erledige Dinge gewissenhaft und ziehe mich auch vernünftig an. Ungeduscht und im Schlafanzug hab ich auch während der Corona-Zeit nie gearbeitet. Da Küche und Wohnzimmer mein Arbeitsplatz sind, ist mir ganz wichtig, nach einem abgeschlossenen Arbeits- und Shooting-Tag das Chaos zu beseitigen, damit es sich wieder wie daheim anfühlt und nicht nach Arbeit. Erst wenn alles einigermaßen aufgeräumt ist, ist auch wieder Platz in meinem Kopf für neue Ideen.

Vorteile einer guten Morgenroutine

VORTEILE EINER GUTEN MORGENROUTINE

Eine clevere Morgenroutine macht's möglich, dass Sie wach, gut gelaunt und entspannt in den Tag starten. Denn schon morgens entscheidet sich, ob man am Abend auf einen guten oder schlechten Tag zurückblicken wird.

Die erste Stunde nach dem Aufstehen ist die wichtigste. Für viele bedeutet diese Stunde Stress pur und sie hetzen in den Tag hinein. Wer sich jedoch morgens Zeit nimmt für das, was ihm guttut und Freude macht, startet wach und gut gelaunt in den Tag. Es ist wichtig, seinen Morgen bewusst zu gestalten, denn das macht produktiver, gelassener und glücklicher.

Eine bewusst gewählte Morgenroutine verankert kluge Gewohnheiten im Tagesablauf: Rituale, die Körper und Seele guttun, die inspirieren, entspannen und stärken. Sie machen es leichter, ein Verhalten zu meiden, das Energie raubt und Kraft kostet. Und sie schaffen durch immer gleiche Abläufe Struktur und Stabilität im Alltag. Wir müssen nicht darüber nachdenken, was wir als Nächstes tun, müssen keine komplizierten Entscheidungen treffen. Das ist wie Urlaub fürs Gehirn. Ein gutes Beispiel dazu liefert das Interview mit Kristin Hudler.

MORGENROUTINE

Wer kleine Kinder hat oder einen Arbeitstag, der sehr früh beginnt, dem scheint auf den ersten Blick keine Zeit für wohltuende Rituale zu bleiben. Morgenroutine ist aber nichts, das aufwendig oder zeitraubend sein muss. Es sollte vielmehr den Start in den Tag erleichtern und braucht keine große Vorbereitung. Oder hören sich diese Ideen kompliziert an?

» Sofort aufstehen, statt die Snooze-Taste zu drücken.

» Das Handy über Nacht ausschalten und erst am Arbeitsplatz wieder einschalten.

» Schon am Vorabend Kleidung zurechtlegen.

» Die Küche am Abend aufräumen und die Spülmaschine einschalten.

» Jeden Morgen ein Glas warmes Zitronenwasser trinken.

» Eine Woche lang den Wecker auf 30 Minuten früher stellen und sehen, was passiert.

FÜR JEDEN ETWAS ANDERES

Die eine Morgenroutine gibt es nicht. Um gut in den Tag zu starten, braucht jeder Mensch vermutlich etwas anderes. Der eine möchte Zeit sparen, der andere braucht einen Produktivitätsschub. Der eine liest eine halbe Stunde lang die Tageszeitung, der andere meditiert lieber zehn Minuten lang. Es hilft aber im ersten Schritt,

sich der Thematik bewusst zu werden und sich damit zu beschäftigen, um eine ganz persönliche Morgenroutine zu entwickeln:

» Wie sieht Ihre Morgenroutine aktuell aus? Beobachten Sie sich selbst. Welche Schritte gehen Sie, bevor Sie am Arbeitsplatz sitzen?

» Welche Gewohnheiten rauben Zeit oder Energie, ohne einen wirklichen Nutzen zu bringen?

» Welche Bedürfnisse haben Sie wirklich, um entspannt in den Tag zu kommen?

» Welche Punkte sollten folglich langfristig an der Morgenroutine geändert werden?

Sich über diese Dinge im Klaren zu sein, ist erforderlich, um die eigene Morgenroutine zum Positiven ändern zu können. Überlegen Sie sich, welche neuen Gewohnheiten Ihnen guttun würden und was genau Sie sich davon erhoffen.

Auf der Suche nach der neuen, sinnvollen Morgenroutine darf man mutig sein, verschiedene Dinge ausprobieren und sich von anderen inspirieren lassen. Lehnen Sie nicht kategorisch ab, sondern versuchen Sie es einmal, verfeinern Sie, stellen Sie die Reihenfolge um und passen Sie an, bis Sie das für sich beste Ergebnis gefunden haben. So entsteht eine individuelle Morgenroutine.

GUT IN DEN TAG STARTEN

Bringen Sie Licht ins Dunkel! Je mehr Licht Sie morgens bekommen, desto munterer werden Sie. Jalousien hoch, sobald der Wecker geklingelt hat! Dadurch schaltet der Körper automatisch in den Wachmodus. Am besten das Fenster öffnen, falls es über Nacht geschlossen ist, und frische Morgenluft ins Schlafzimmer hineinlassen, selbst im tiefsten Winter.

BETT MACHEN

Sie wollen den Tag mit einem kleinen Erfolgserlebnis beginnen? Dann machen Sie Ihr Bett. Das Gefühl, etwas geschafft zu haben, motiviert und macht leistungsfähiger – davon sind viele Menschen überzeugt. Es dauert nicht lange, lässt das Schlafzimmer automatisch aufgeräumt wirken und wer freut sich am Abend nicht darüber, in ein gemachtes Bett zu schlüpfen?

TRINKEN

Trinken kurbelt den Stoffwechsel an und hilft uns, morgens in Schwung zu kommen. Ayurveda-Fans schwören auf Zitronenwasser, eventuell mit Ingwer, am besten lauwarm. Ansonsten ist Wasser pur die beste Wahl. Wer sich schon abends ein großes Glas neben das Bett stellt, denkt am Morgen garantiert ans Trinken.

BEWEGUNG

Glücklich ist, wer die Kinder zu Fuß zum Kindergarten bringen kann oder eine Runde mit dem Hund gehen muss. Gerade für das Homeoffice gilt: Bewegung nicht vergessen! Egal, ob Sie eine Runde joggen oder Yoga machen: Bewegung sollte ein fester Teil Ihrer Morgenroutine sein. Für die, die nichts damit anfangen können, hört es sich vielleicht abgedroschen an. Aber wer es praktiziert, wird bestätigen, wie viel ruhiger man im Alltag wird, wenn man regelmäßig meditiert oder Yoga übt. Es geht nicht darum, sich völlig zu verausgaben. Schon moderate Bewegung, ganz entspannt und ohne Leistungsdruck, bringt den Kreislauf in Schwung. An der frischen Luft bekommt man zudem Sauerstoff und Licht ab. Studien zufolge bringt sportliche Betätigung genau den Bereich des Gehirns auf Trab, der für Lernen und Verhaltenskontrolle zuständig ist. Er macht es Ihnen also leichter, Ihre neue Morgenroutine durchzuhalten.

Und wenn Sie Sport am Morgen absolut nicht mögen oder schlicht keine Zeit dafür haben? Vielleicht schaffen Sie es dann wenigstens, sich ausgiebig zu rekeln und zu strecken, am offenen Fenster ein paar tiefe Atemzüge zu nehmen und spätestens in der Mittagspause eine kleine Runde zu drehen.

FRÜHSTÜCK

Nicht hetzen, das gilt auch beim Frühstück. Setzen Sie sich zum Essen hin, lenken Sie sich nicht mit Ihrem Smartphone ab, lassen Sie den Fernseher aus. Wer gesund frühstückt, beginnt den Tag mit mehr Schwung. Weil Sie es sich wert sind!

INNEHALTEN

Wer Hals über Kopf durchstartet, ist abends oft erschöpft und genervt. Reservieren Sie daher am Morgen Zeit, kurz innezuhalten – und beispielsweise zu meditieren. Viele erfolgreiche Menschen schwören auf Meditation. Sie glauben, das sei nichts für Sie, haben es aber auch noch nie probiert? Geben Sie der Sache eine Chance. Verschiedene Apps können beim Einstieg helfen und schon ein paar Minuten genügen, um sich selbst zu mehr innerer Ruhe und Gelassenheit zu verhelfen.

TAGESZIEL

Was steht heute als dringendste Aufgabe an? Welches Ziel soll erreicht werden? Sich diese Frage zu stellen, bevor man loslegt, hilft, sich auf das zu fokussieren, was wirklich wichtig ist. Achten Sie auf Ihre innere Uhr. Wann sind Sie konzentrierter? Erledigen Sie zu dieser Tageszeit die schwierigeren Aufgaben des Tages.

MORGENROUTINE ETABLIEREN

Was auch immer einen Morgen für Sie perfekt macht: Es sollte in Ihrer täglichen Morgenroutine nicht fehlen. Erlaubt ist, was gefällt. Mit einer Einschränkung: Das Smartphone sollte möglichst ausgeschaltet bleiben. E-Mails, Textnachrichten und Anrufe können warten, bis die Arbeit beginnt. Die ersten ein bis zwei Stunden des Tages sollten ganz Ihnen gehören.

Wie lange es dauert, bis ein Verhalten in Fleisch und Blut übergegangen ist, lässt sich pauschal nicht sagen. Der eine braucht länger,

der andere hat eine neue Gewohnheit schneller eingeführt. Unter Umständen braucht man also einiges an Geduld und Konsequenz, um eine bessere Morgenroutine zu etablieren.

Auch hier fällt das Durchhalten leichter, wenn man den Vorsatz schriftlich festgehalten hat. Schreiben Sie den Ablauf auf, den Sie künftig einhalten wollen. Auf diese Weise schließen Sie einen Vertrag mit sich selbst.

WENIGER IST MEHR

Machen Sie bei aller Probierfreude nicht zu viele Experimente. Je mehr Ziele Sie verfolgen, desto unwahrscheinlicher ist es, dass Sie sie alle erreichen. Konzentrieren Sie sich daher zunächst auf ein Ziel. Erst wenn die neue Verhaltensweise zur Gewohnheit geworden ist, nehmen Sie ein weiteres Ziel dazu. Gerade am Anfang sollten Sie es nicht übertreiben, auch wenn Sie voller Tatendrang stecken. Versuchen Sie nicht gleich, eine Morgenroutine mit zehn Punkten einzuführen, sondern fangen Sie klein an und fügen Sie anschließend allmählich weitere gute Gewohnheiten hinzu.

Legen Sie einen Termin fest, an dem Sie Ihre neue Morgenroutine hinterfragen werden: Was tut Ihnen daran gut? Was ist hilfreich? Was hingegen nervt? Letztere Elemente sollten Sie weglassen oder austauschen – schließlich soll Ihre Morgenroutine nicht anstrengend sein oder täglich Überwindung kosten.

DRANBLEIBEN

Rückschläge sind normal. Wichtig ist, trotzdem weiterzumachen. Seien Sie nicht zu streng mit sich selbst, wenn Sie am Morgen wirklich mal nicht aus dem Bett kommen. Steigen Sie am nächsten Tag wieder neu ein! Irgendwann werden die neuen Gewohnheiten zur Routine wie der erste Kaffee am Morgen.

Sie brauchen Unterstützung, um dranzubleiben? Hängen Sie einen Wandkalender so auf, dass Sie ihn unmöglich übersehen können. Machen Sie an jedem Tag, an dem Sie Ihre neue Morgenroutine eingehalten haben, ein X. Schon nach wenigen Tagen entsteht eine Kette aus X. Sie täglich wachsen zu sehen, ist ein gutes Gefühl und beflügelt zum Durchhalten.

SPRUNG IN DIE SELBSTSTÄNDIGKEIT

Nina muss sich bewegen können und sie braucht die passende Arbeitsumgebung. Also hat sie sich verschiedene Orte geschaffen, an denen sie kreativ sein kann, unterrichtet oder Schreibkram erledigt.

Nina Pettenberg ist 46 Jahre alt und lebt mit ihren zwei Söhnen (14 und 9 Jahre) und ihrem Mann, Mops und Pferd in Nürnberg. Sie ist seit 15 Jahren Coach und Trainerin, hat über die Jahre eine eigene Coach-Ausbildung für Frauen entwickelt, die Marke »Mutterleicht« gegründet, ein Buch über das »Mutterleichte Leben« und viele Podcasts geschrieben.

Das hört sich spannend an: »Mutterleichtes Leben«. Ich stelle mir vor, dass es dir dadurch leichter fällt, im Homeoffice zu arbeiten?

Ja, es ist zum einen diese Spannung zwischen Freiheit und diese Freiheit in eine Struktur zu bekommen. Dieses Spannungsfeld zwischen »Ich kann frei entscheiden, wann ich wie arbeite« und gleichzeitig in diesem Haus leben mit Hund und Kindern. Das stellt mich als Mama schon vor die Herausforderung, im Außen klare Räume zu schaffen. Leicht wird es dann, wenn wir klar kommunizieren, was wir gerade brauchen. Also auch mal zu sagen: »So, in dieser Stunde möchte ich nicht gestört werden und dann könnt ihr wieder hereinkommen.«

Seit wann arbeitest du im Homeoffice?
Seit 2006. Das weiß ich so genau, weil in dem Jahr mein Sohn zur Welt kam und ich mit Baby im Homeoffice angefangen habe. Damit habe ich auch den Absprung aus der Unternehmensberatung in die Selbstständigkeit gewagt. Als Coach und Lehrtrainerin habe ich meine Arbeitszeiten im Homeoffice. Dazu kommen noch die Zeiten in Seminarräumen und -hotels, wo ich am Wochenende meine Kurse gebe. Die meiste Zeit jedoch, wenn ich auf meinen Berufsalltag blicke, verbringe ich im Homeoffice.

Hast du feste Arbeitszeiten?
In den vergangenen Jahren war meine Struktur immer, dass ich auf jeden Fall arbeite, wenn die Jungs in der Schule sind, und meist noch mal am Nachmittag. Das war sehr variabel. Sobald sie bei Freunden waren, habe ich zwei Stunden gearbeitet. Die Kernzeit ist also, wenn die Jungs in der Schule sind. In Zeiten von Homeschooling habe ich mit ihnen am Familientisch gesessen. Sie mit ihren Aufgaben, ich mit meinem Laptop. Das brachte eine gewisse Flexibilität in meinen Tagesablauf, auch wenn ich dann nicht die Sachen machen konnte, für die ich viel Konzentration benötige. Das war ein sehr variables Konzept, feste Arbeitszeiten hatte ich in dieser Phase nicht, es öffneten sich eher »Container«, also Zeitcontainer. In der Selbstständigkeit gibt es keine klaren Grenzen. Wir schließen eben nicht unsere Bürotür und gehen nach Hause.

Ist Homeoffice für dich ein Vorzug oder eine Herausforderung?
Für mich ist das Homeoffice ganz klar ein Vorzug. Es entspricht absolut meinem Wesen. Es ist wie in der Tierwelt, jeder hat seine persönliche Umgebung, seinen Lebensraum, den er braucht. Ich habe über die Jahre gemerkt, dass ich wesentlich produktiver bin, wenn ich die Freiheit habe zu arbeiten, wo ich will. Es hat ganz viel mit dem Raum und dem Platz zu tun. Für mich war es immer schlimm, an einem Ort fest sitzen zu müssen. Das entspricht nicht meinem Wesen. Bevor ich müde am Schreibtisch sitze oder wenn die Sonne scheint oder wenn ich mich ausbreiten möchte, wandere ich lieber mit meinem Laptop an eine andere Stelle im Haus. Das tut mir gut und entspricht meinem Wesen, mich bewegen zu können. Deshalb ist das Homeoffice mein Traummodell, das ich nicht missen möchte. Auch wenn es Herausforderungen mit sich bringt, gibt es mir viel Freiheit und Frieden. Frieden für meine Seele, für mein Wesen.

Du hast also verschiedene Arbeitsplätze?
Ich hab zum einen ein Büro, ganz klein, aber ich liebe es. Hier erledige ich meine Computerarbeit, habe meine Rechnungsordner und meine Buchhaltung. Zum anderen habe ich den Luxus, in unserem Haus einen Kreativraum zu besitzen. Wir haben ein altes Haus renoviert und im Souterrain, unter der Terrasse, befand sich eine ehemalige Schwimmhalle, die haben wir umgebaut. In diesem Kreativraum habe ich früher auch Einzel-Coachings gegeben. Es ist spannend, denn ich habe schon oft gedacht, dass ich meinen Schreibtisch auch in diesen Raum integrieren könnte. Doch wenn ich mit meinem Laptop dort sitze, passt es überhaupt nicht. Aber Schreibarbeiten für meinen Blog, Podcastaufnahmen oder Videodrehs – das entsteht alles im Kreativraum. Hier habe ich die besten Ideen. Wir haben außerdem einen Wintergarten – mitten im Familiengeschehen sitze ich dort ganz gerne.

Ich habe das Gefühl, dass ich für unterschiedliche Aufgaben verschiedene Stimmungen

um mich herum brauche. Einmal sind da das Familienleben und die Küche, wo ich mir den Espresso zubereite. Und ein andermal muss ich mich zurückziehen. Das ist natürlich Luxus, diesen Platz zu haben. Im Garten sitze ich auch gerne, wo wir eine kleine Ecke haben. Dort guck ich ein bisschen in die Ferne und sammle wieder Kraft.

Das ist das Schöne am Homeoffice: Es kann etwas Eigenes entstehen, etwas, was gut zu einem passt. Ein anderer braucht vielleicht etwas ganz anderes, mehr Klarheit in einem Raum. Manch einer kann gut im Café arbeiten. Mein Mann ist so einer. Er empfindet es als kreativitätsfördernd. Ich hingegen müsste immer gucken, was um mich herum passiert.

Gibt es einen Ort, an dem du niemals deinen Laptop öffnen würdest?

Das Schlafzimmer ist auf jeden Fall so ein Ort. Aber um ehrlich zu sein, saß ich auch schon mal in der Badewanne. Wenn das jemand gesehen hätte ... Wir haben eine Holzablage über der Badewanne, dort stand mein Laptop und ich konnte schreiben. Sonst vergesse ich das alles. Ich glaube, ich würde mir erlauben, überall zu arbeiten. Im Bett habe ich jedoch noch nie gearbeitet. Dort gucke ich maximal einen Film. Es ist doch furchtbar, wenn man im Bett noch E-Mails abruft und sich vielleicht über jemanden ärgert. Dann ist die Nacht eigentlich gelaufen, weil irgendetwas war. Deshalb ist das Bett für mich ein heiliger Ort.

Und im Urlaub?

Wenn wir wirklich wegfahren, dann kann ich es mir erlauben, die Arbeit ruhen zu lassen. Wenn wir jedoch zu Hause Urlaub machen, ist es wesentlich schwieriger, weil der Beruf einfach ein Teil von mir ist. Am Anfang habe ich gemerkt, dass meine größte Herausforderung die Frage ist: Wann ist eigentlich mal Schluss? Ich hatte immer das Gefühl, »on« zu sein. Weil ich es aber auch sehr liebe, was ich mache, fühlt es sich für mich nicht wie Arbeit an.

Dann hatte ich eine Zeit, da dachte ich, ich müsste einen »Separator« schaffen. Ich habe mich umgezogen oder bin eine Runde mit dem Hund gegangen, als wäre ich aus dem Büro gekommen und jetzt zu Hause. Das habe ich aber irgendwann wieder beendet, es gelang mir nicht wirklich. Das wäre aber ein Tipp von mir für Menschen, die da vielleicht Schwierigkeiten haben.

Es ist ein Unterschied, ob man selbstständig ist und liebt, was man tut, oder ob man für eine Firma den ganzen Tag Listen erstellen muss und der Job nicht so viel Spaß macht.

Ich habe nur einen kleinen Schreibtisch und räume diesen am Abend leer, reinige die Tischplatte und wenn ich mich dann bei dem Gedanken erwische, doch noch kurz etwas zu machen, sehe ich den sauberen Schreibtisch und weiß: »Ach nein, ich hab ja Feierabend!« Man muss sich manchmal selber überlisten.

NINAS TIPPS FÜR DAS HOMEOFFICE

Es gibt ein Zitat von Barbara Sher: »Isolation is a dream killer«, also: »Isolation ist ein Traumkiller.« Als Coach habe ich einen Job, in dem ich viel mit Menschen rede, und in meiner Familie habe ich immer jemanden um mich herum. Aber ich denke, dass man im Homeoffice nicht einsam sein muss. Man kann sich zum Mittagessen verabreden oder anderweitig versuchen, Kontakte herzustellen und zu halten. Es muss nicht zur Isolation kommen! Man kann sich auch über Skype mit einer Kollegin treffen.

Mit am wichtigsten finde ich, klare Räume zu schaffen und zu erkennen, dass es einfach praktisch ist, so arbeiten zu können. Ein weiterer ganz wichtiger Punkt neben all dem Kreativen ist, dass ich technisch richtig gut ausgestattet bin, dass ich eine gut funktionierende Infrastruktur brauche, ein gut funktionierendes WLAN. Das ist für mich enorm wichtig, da habe ich auch keine Kosten gespart.

Was bedeutet Braindumping?

WAS BEDEUTET BRAINDUMPING?

To-dos, Deadlines, private Probleme: Mitunter schwirren so viele Gedanken im Kopf herum, dass wir uns kaum konzentrieren oder abschalten können. Die Braindump-Methode verschafft Soforthilfe.

Manchmal wird einem alles zu viel: Der Kopf brummt, das Gedankenkarussell dreht sich und Entspannung scheint einfach nicht möglich? Je mehr Dinge wir in unserem Kopf bewegen, desto schwieriger wird es, uns zu konzentrieren; oft wissen wir nicht, wo wir anfangen sollen. Multitasking ist out und so kommen wir nur entspannt weiter, indem wir einen Schritt nach dem anderen gehen. Höchste Zeit für eine wirklich simple Methode, um den Kopf frei zu bekommen: Braindumping hilft, Stress abzubauen und die Gedanken zu sortieren.

WIE GEHT BRAINDUMPING?

Braindumping bedeutet nichts anderes als »Gehirn entleeren«. Gemeint ist, die Gedanken aus dem übervollen Gehirn zu bekommen, um sie so besser ordnen zu können und zur Ruhe zu kommen. Es lohnt, sich Zeit für Braindumping zu nehmen. Gerade in turbulenten Phasen hilft es, den Überblick zu behalten und einen Plan zu entwickeln. Wer sich auf diese Weise selbst organisiert, spart mit den paar Minuten, die er investiert, langfristig sehr viel Zeit, weil er es endlich schafft, Gedanken und Aufgaben effektiv zu ordnen.

Wie für den Strategieplan aus dem Kapitel »Ordnung schaffen« benötigt man für einen Braindump nichts weiter als ein Blatt Papier, einen Stift, ein paar Minuten und einen ruhigen Ort. Mehr Vorbereitung ist nicht erforderlich, Sie können direkt loslegen. Aber schreiben Sie nicht am Computer, denn die Gefahr besteht, dass Sie, sobald eine E-Mail hereinkommt, sofort wieder abgelenkt werden.

AUFSCHREIBEN

Es kommt nicht darauf an, wie es aussieht und in welcher Reihenfolge die Gedanken aufgeschrieben werden. Wichtig ist nur, die Dinge aus dem Kopf und auf das Papier zu bringen. Wem es lieber ist, sofort zu kategorisieren, der kann das machen. Alles ist erlaubt. Mögliche Kategorien für ein Braindump könnten sein:

1. Berufliches
2. Persönliches
3. Ärgernisse
4. Sorgen
5. Ideen

Schreiben Sie sämtliche Gedanken auf! Alles, was Ihnen durch den Kopf geht, sowohl beruflicher als auch privater Natur. Wenn Sie alles aus

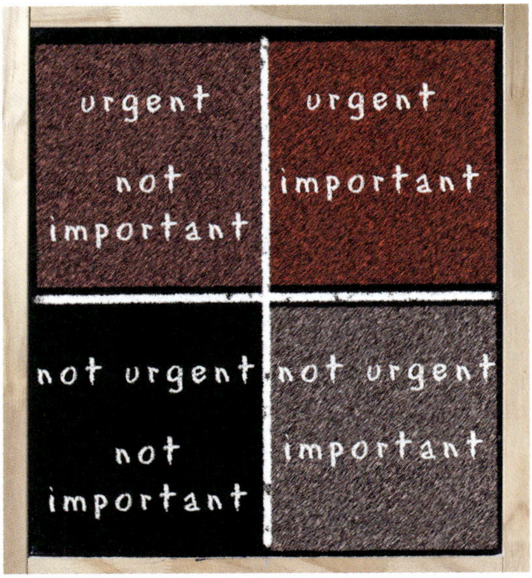

Ihrem Gehirn auf das Papier gekippt haben, sollte sich Ihr Kopf schon leichter anfühlen. Der beabsichtigte Effekt ist, dass aus wirren Fetzen etwas klar Benanntes entsteht. So wird es konkret und überschaubar.

Um konzentrierter arbeiten zu können, genügt es manchmal schon, seine Gedanken einfach nur zu Papier zu bringen und den Zettel danach zu ignorieren. Wer aber das Chaos wirklich sortieren und die daraus resultierenden Aufgaben strukturiert angehen will, sollte im zweiten Schritt einen Plan entwickeln. Zunächst werden die Gedanken gewichtet:

» Wichtig und dringend.
» Wichtig und nicht dringend.
» Dringend und nicht wichtig.
» Nicht dringend und nicht wichtig.

Diese Priorisierung hilft, die Listen nach Dringlichkeit abzuarbeiten. Doch der nächste Schritt sollte nicht sofort erfolgen. Nachdem das Gehirn entleert ist, darf es erst einmal zur Ruhe kommen. Sie können die Gedanken jetzt bewusst loslassen, denn Sie haben alles notiert und können es somit gar nicht vergessen.

Geben Sie sich und dem Papier ein bisschen Zeit. Vielleicht schlafen Sie eine Nacht darüber. Mit etwas Abstand sieht man später klarer und kann Aufgeschriebenes leichter sortieren.

SORTIEREN

Schauen Sie sich am nächsten Morgen in Ruhe und mit Abstand an, was Sie zu Papier gebracht haben. Wenn Sie der Anblick der vielen To-dos überfordert, statt zu erleichtern, sollten Sie sich eingestehen, dass Sie einfach zu viel zu tun haben. Dann wäre zu überlegen, wie man Entspannung in diese Liste bekommen könnte.

» Sind wirklich alle Aufgaben wichtig?
» Was kann man davon streichen?
» Was lässt sich auf einen späteren Zeitpunkt verschieben?
» In welchem Feld haben Sie viel notiert?
» Welche Aufgabe muss bis wann erledigt werden?
» Welche Dinge sind besonders wichtig und dringend?
» Was können Sie vernachlässigen oder ohnehin nicht ändern?
» Welche Dinge können Sie delegieren?

Wir sollten uns von dem Gedanken lösen, alles schaffen zu können, sofern wir nur gut planen. Vielmehr sollten wir bereit sein, eine strengere Auswahl zu treffen und nur die Dinge zu tun, die einen echten Wert für uns, für unsere Arbeit besitzen. Nun wird alles, was noch auf der Liste steht, neu sortiert, um endgültig Ordnung in das zwar schon reduzierte, aber noch bestehende Chaos zu bringen. Was bleibt, ist ein guter Strategieplan.

EINE NACHT DRÜBER SCHLAFEN?

Wissenschaftler sind sich nicht einig, ob es tatsächlich hilft, Schwieriges oder Schwerwiegendes zu überschlafen. Doch für mich hat es sich schon oft bewahrheitet: Schlafen hilft manchmal mehr, als sich den Kopf zu zerbrechen. Komme ich am Tag zu keinem Ergebnis, zu keiner Entscheidung, dann vertraue ich darauf, dass mein Unterbewusstsein solche Dinge über Nacht mit meinem Gehirn regelt. Meist werde ich dann morgens wach und mir ist vieles viel klarer.

Schlaf macht kreativ und hilft, Lösungen zu finden, die man vorher vielleicht nicht gesehen hat. Die besten Ideen kommen ohnehin häufig, wenn wir tief entspannt sind, was daran liegt, dass bestimmte Hirnregionen erst aktiv werden, wenn wir nicht nachdenken. Aus diesem Grund sollte man sich auch zum Braindumping genügend Zeit nehmen.

KURZ UND KNAPP

» Schreiben Sie alles auf, was Ihnen durch den Kopf geht. Ganz ohne Bewertung.

» Ordnen Sie erst danach das Geschriebene und erstellen Sie eine To-do-Liste der wichtigsten Punkte.

» Lassen Sie etwas Zeit verstreichen und nehmen Sie Ihre Übersicht später erneut zur Hand. Streichen Sie, was inzwischen erledigt oder gar nicht so wichtig ist.

» Aktualisieren Sie diese Übersicht regelmäßig oder verfassen Sie jede Woche eine neue – Sie können die Methode an Ihre Bedürfnisse anpassen.

» Braindumping ist eine gute Methode, um die kommende Woche besser zu planen und den Fokus auf die wichtigen Aufgaben und Termine zu lenken.

» Sie müssen nicht alles auf einmal und schon gar nicht alles perfekt schaffen. Manchmal erledigen sich Sachen von alleine.

Was steckt hinter Pomodoro?

WAS STECKT HINTER POMODORO?

Täglich sind wir diversen Ablenkungen ausgesetzt und oft vergeht ein Vormittag, ohne dass man sich seinen eigentlichen Aufgaben zuwenden konnte. Die Pomodoro-Technik diszipliniert dazu, sich auf eine Sache zu fokussieren. So lernen wir, Zeitfresser auszuschalten und ohne Unterbrechung konzentriert zu arbeiten.

Die Arbeit im Homeoffice gehört schon lange zu meinem Alltag und entspricht meinem Naturell. Ich liebe es, eigenverantwortlich zu arbeiten, ohne Ablenkung durch Kollegen. Je nach Stimmung kann ich strukturiert arbeiten, mich aber genauso gut im kreativen Chaos ausleben. Sein eigener Herr zu sein, ist wunderbar – erfordert aber auch viel Disziplin und Eigenverantwortung. In Zeiten von Corona und Homeschooling musste ich nicht nur mich selbst organisieren, sondern auch meinen Kindern unterstützend zur Seite stehen. Wie so viele andere berufstätige Eltern auch. Mein großes Glück war, dass meine Kinder schon sehr eigenverantwortlich arbeiten können und wir keinen nennenswerten Schulstress haben. Vielleicht haben wir aber auch alle davon profitiert, dass ich schon jahrelange Erfahrung in Sachen Selbstmanagement gesammelt habe und wir alle die Pomodoro-Technik beherzigen.

KURZZEITWECKER

Schon seit Jahren empfehle ich, den Kurzzeitwecker auf 15 Minuten zu stellen, wenn man für ein bisschen Ordnung sorgen möchte. Wenn man jeden Morgen und/oder Abend eine Viertelstunde lang konsequent Ordnung schafft, ist man meist effektiver, als wenn man sich nur am Wochenende darum kümmert und einen riesigen Berg bezwingen muss – die Energie geht einem oft auf halbem Wege aus, wenn der Haufen zu hoch ist. Diese Methode kann man genauso auf die Arbeit anwenden. Immer dann, wenn ich merke, dass ich zu viele Dinge gleichzeitig machen möchte oder mich schnell ablenken lasse, picke ich mir eine Aufgabe heraus, stelle den Timer vom Smartphone auf 25 Minuten und arbeite konsequent nur an dieser Aufgabe. Mich erstaunt es selbst immer wieder, wie viel man schafft, wenn man hoch konzentriert ist (mehr dazu im Kapitel zu Deep Work).

WAS IST POMODORO?

Wer für nur drei Minuten aus einer Aufgabe herausgerissen wird oder sich von selbst einer anderen Sache zuwendet, braucht danach zwei Minuten, um wieder auf dem Stand von vorher zu sein. Pomodoro diszipliniert dazu, konzentriert bei einer Aufgabe zu bleiben. Wer diese Technik regelmäßig anwendet, lernt eine wichtige Lektion, die uns in der heutigen Zeit immer schwerer fällt: Zeitfresser auszuschalten und ohne Unterbrechung fokussiert zu arbeiten.

Mit der Pomodoro-Technik bekommen wir ein besseres Zeitgefühl, ohne uns zu überarbeiten, denn ohne die kurzen Pausen zwischendurch wäre das Ganze nichts weiter als Akkordarbeit. Wer produktiv sein möchte, muss Pausen einlegen. Sie sind wichtig, um effektiv dranzubleiben. Deshalb wird alle 25 Minuten eine fünfminütige und alle zwei Stunden eine 30-minütige Pause angesetzt. Aufgrund dieser Erholungsphasen kann man sehr lange konzentriert und fokussiert weitermachen. Zudem ist man bemüht, in den Arbeitsphasen möglichst viel zu schaffen. Wer nur 25 Minuten zur Erledigung einer Aufgabe zur Verfügung hat, hat keine Zeit, auch noch zu telefonieren oder im Internet zu surfen. Das bedeutet 25 Minuten reine Fokuszeit. Diese Selbstmanagement-Methode verdankt ihren Namen übrigens dem italienischen Unternehmer Francesco Cirillo. Er nutzte in den 1980er-Jahren dafür seine Küchenuhr in Tomatenform – eine Pomodoro eben.

ANWENDUNG

Bevor Sie mit einer Aufgabe beginnen, notieren Sie sich kurz, was alles erledigt werden muss. Dann stellen Sie sich den Wecker auf 25 Minuten und legen los. Ob Sie eine Küchenuhr nutzen oder das Smartphone, ist egal. Schalten Sie das Handy in den Flugmodus, so werden Sie nicht gestört oder abgelenkt. Konzentrieren Sie sich nun ganz allein auf die Aufgabe. Sobald die Stoppuhr klingelt, haken Sie ab, was Sie geschafft haben, und machen Pause. Dieses Intervall von 25 plus 5 Minuten wird übrigens Pomodori genannt. Danach beginnt der Zyklus von vorne. Nach vier Pomodori-Einheiten gönnen Sie sich eine halbe Stunde Auszeit.

VORTEILE DER POMODORO-TECHNIK

Dadurch dass die Pomodoro-Technik so simpel in der Anwendung ist, kann jeder sie an seine eigenen Bedürfnisse anpassen. Wenn ich zum Beispiel konzentriert an einem Text arbeiten und richtig in den Flow kommen möchte, wird mein Wecker auf 45 Minuten gestellt. Die 25 Minuten müssen also nicht sklavisch eingehalten werden, jeder kann damit experimentieren. Fangen Sie mit 10- oder 15-Minuten-Einheiten an und lassen Sie sich überraschen, wie viel Sie in dieser Zeit abarbeiten. Lassen Sie sich nicht entmutigen, wenn es nicht auf Anhieb klappt. Aber seien Sie sich sicher, dass diese Technik irgendwann ungemein befriedigend sein kann.

POMODORO STATT MULTITASKING

Mit regelmäßigen Pomodoro-Einheiten verabschiedet man sich vom weitverbreiteten Multitasking. Viele Menschen glauben zwar, dass sie manches gleichzeitig erledigen und Multitasking betreiben können. Tatsächlich wechseln sie aber in Bruchteilen von Sekunden von einer Aufgabe zur anderen. Jedes Mal müssen sie ihre Aufmerksamkeit neu ausrichten und entscheiden, was zu tun ist, und das verbraucht extrem viele Ressourcen. Also lieber eines nach dem anderen statt Multitasking. Durch die Einteilung in kleine Pakete lassen sich große Aufgaben leichter bewältigen. Oft fühlt man sich überwältigt von dem großen Berg schwieriger Aufgaben und weiß nicht, wo man anfangen soll. Aus diesem Grund kann man sich die Pomodoro-Technik auch als Salami-Taktik veranschaulichen: Man würde ja auch nicht eine ganze Salami am Stück essen, sondern sie in viele Scheiben zerschneiden. Entsprechend sollte man auch große, unübersichtliche Aufgaben in kleine, überschaubare Teile zerlegen und diese Schritt für Schritt abarbeiten.

PAUSEN SIND WICHTIG

Pausen haben einen oft unterschätzten Effekt auf unsere Produktivität. Regelmäßige Fünf-Minuten-Unterbrechungen sind deshalb oft erholsamer als eine lange Mittagspause. Wer jede Stunde eine Pause von fünf Minuten macht, hält seine Produktivität über den Tag gleich. Die klassische lange Mittagspause hingegen lässt einen anschließend oft in ein Müdigkeitsloch fallen. Damit kommen wir zu einem weiteren Vorteil im Homeoffice: die Möglichkeit, einen Powernap zu halten:

POWERNAP

Die positive Wirkung des Kurztiefschlafs ist nachgewiesen. Wer nachmittags ein paar Minuten schläft, ist danach bis zu drei Stunden leistungsfähiger und kann so das Mittagstief besser überbrücken. Unsere Stimmung ist ausgeglichener und die Effektivität nimmt wieder zu. Ein sogenannter Powernap ist der beste Energie-Booster für den Nachmittag.

Damit er wirklich erholsam ist, darf der Powernap jedoch nicht zu lange dauern. Ideal sind maximal 20 Minuten. Er sollte nach dem Mittagessen oder am frühen Nachmittag stattfinden. Experten sind sich über die Produktivitätssteigerung einig, doch in den wenigsten Firmen besteht die Möglichkeit für so ein Nickerchen.

Nutzen Sie also die Möglichkeiten, die Sie zu Hause haben, und stellen Sie bei Eintreten des nächsten Müde-Zeitpunkts den Wecker. Lassen Sie sich überraschen, wie frisch Sie anschließend wieder ans Werk gehen können.

KURZ UND KNAPP

» Die Pomodoro-Technik diszipliniert dazu, sich auf eine Aufgabe zu fokussieren.

» So kommt man in mehreren 25-Minuten-Schritten besser zum Ergebnis.

» Pomodoro ist effektiver als Multitasking.

» Statt eine Einheit lang zu arbeiten, kann man auch den 20-Minuten-Schlaf einlegen – der Powernap ist im Homeoffice problemlos möglich.

Was bedeutet Deep Work?

WAS BEDEUTET DEEP WORK?

Egal, ob Sie gerade an einer Geschäftsidee tüfteln, ein Angebot erstellen oder für eine Abschlussprüfung lernen: Für viele Projekte braucht man die volle Konzentration. Leider verhindern oft Ablenkungen, dass wir uns zu 100 Prozent dem widmen können, was gerade anliegt. Deep Work ist eine Methode, die entspannter und trotzdem produktiver macht.

Als ich über den letzten Seiten dieses Bandes saß, verschaffte mir die kreative Wohnzimmergestaltung, die mich sonst durch den Tag bringt, nicht mehr die nötige Ruhe, ständig kamen kleine Aufgaben dazwischen. Ein solches Buch zum Abschluss zu bringen, ist am Ende reine Fleißarbeit, das Feintuning kann einen in den Wahnsinn treiben, da stört jede Ablenkung. Und die hat man zu Hause zur Genüge: Das Telefon klingelt, jemand steht vor der Tür, die Wäsche muss gewaschen, gefaltet, gebügelt werden. Und während man sich in der Küche einen Kaffee kocht, räumt man noch kurz die Spülmaschine aus, schreibt Dinge auf die Einkaufsliste, Sie kennen das sicher. Das Problem an der Sache ist: Wer einmal unterbrochen wird, macht fast nie dort weiter, wo er aufgehört hat. Das Gehirn braucht einige Zeit, um sich erneut in einen konzentriert-produktiven Zustand zu begeben.

Mir ist dieses Prozedere schon bekannt. Und obwohl ich die Pomodoro-Technik täglich anwende, die mir enorm hilft, mich zu fokussieren, wusste ich genau: Es war Zeit für Deep Work.

WAS IST DEEP WORK?

Deep Work bedeutet wörtlich übersetzt, dass man tief in die eigene Arbeit eintaucht. So sind wir produktiver und können eine Aufgabe nicht nur schneller erledigen, sondern auch zu einem qualitativ besseren Ergebnis kommen. Deep Work wird immer dann benötigt, wenn eine Aktivität volle Konzentration erfordert. Es ist eine simple Methode, die konzentriertes Arbeiten erleichtern kann.

Es geht dabei darum, Zeiträume zu schaffen, in denen wir zu vollkommener Konzentration finden können. Wenn man es schafft, den Fokus auf nur eine Sache zu richten, kann man nicht nur sein volles Potenzial ausschöpfen, sondern auch die Produktivität steigern und schneller zum Ziel kommen, ohne die Grenzen der eigenen Belastbarkeit zu überschreiten.

MEINE ORTE

Kristin Hudler und Holger Zimmermann, die ich für dieses Buch interviewt habe, finden ihre Fokuszeit auch mal am Abend, wenn im Haus Ruhe einkehrt. Bei mir klappt das leider nicht, da ich ab 20 Uhr nur noch in mein Bett möchte. Ein wunderbarer Ort, an dem ich mehrere Stunden am Stück konzentriert arbeiten kann, ist deshalb mein Lieblingscafé in Münster. Dort gibt es den besten Kaffee, leckere Stullen zum Frühstück, aber auch guten Kuchen, sollte ich doch noch ein bisschen länger dort sitzen. Das Stimmengemurmel im Hintergrund stört mich nicht, ganz im Gegenteil. Auf mich hat es eine beruhigende Wirkung und wenn ich mit einem Gedanken, einem Satz nicht weiterkomme, lasse ich meinen Blick einmal durch das Café schweifen und finde garantiert das passende Wort. Für das Arbeiten an solch einem Ort muss man allerdings gemacht sein. Ein anderer würde sich vielleicht gerade hier zu sehr ablenken lassen.

Ein weiterer Ort, an dem ich mich voll und ganz konzentrieren kann, ist das Erdgeschoss im Haus meines Freundes, der fast noch ordentlicher ist als ich. Vielleicht kommt es mir aber auch nur deshalb so vor, weil er im Gegensatz zu mir deutlich weniger Bücher, Dekoration und Blumenvasen herumstehen hat. Auf jeden Fall kann ich wunderbar in seiner Küche sitzen mit Blick durch das Wohnzimmer in den Garten. Wenn ich dort vier Stunden konzentriert schreibe, ist das effektiver, als wenn ich den

ganzen Tag bei mir verbracht hätte mit sämtlichen Ablenkungen wie Haushalt, Mittagessen und Gespräche mit meinen Kindern. In der Zeit bei ihm mache ich jedoch nichts anderes, als zu schreiben, zu trinken und auf die Toilette zu gehen.

DEEP-WORK-STRATEGIE

Deep Work ist supersimpel. Die erste Schritt ist, dass man damit umgeht wie mit jedem anderen Termin auch und sich bestimmte Zeiten im Kalender reserviert. Kommen andere Termine für diesen Zeitpunkt herein, sollte man sie möglichst bedingungslos absagen. Zu Beginn des Tages sollte man sich realistische und konkrete Ziele setzen, die am Ende des Arbeitstages erledigt sein sollen.

Sodann geht es darum, sich von der Außenwelt abzuschotten oder sie, so gut es geht, auszublenden, um mögliche Ablenkungen zu vermeiden. Also keine E-Mails, Telefonate, Gespräche mit Kollegen. Das Smartphone wird bis zur Erledigung einer bestimmten Aufgabe weggelegt, am besten im Flugmodus in einen anderen Raum. Wie ein Mönch im Kloster zieht man sich zurück, um still seiner Aufgabe nachzugehen, bis diese erledigt ist oder ein bestimmtes Ziel erreicht wurde.

PAUSEN MACHEN

Egal, ob die Deep-Work-Einheit wenige Stunden oder mehrere Tage in Anspruch nimmt, sind auch hier wieder regelmäßige Pausen wichtig. Ähnlich wie bei der Pomodoro-Technik sind Phasen der Erholung essenziell, um neue Energie zu tanken und das Gehirn auf die nächste produktive Phase vorzubereiten.

KURZ UND KNAPP

» Für Projekte, die volle Aufmerksamkeit erfordern, eignet sich Deep Work hervorragend.

» Setzen Sie sich konkrete Ziele für den Tag.

» Schotten Sie sich ab, um sich nur dem Projekt zu widmen.

INNOVATIVE ARBEITSKULTUR

Holger arbeitet zur Vertrauensarbeitszeit am Vertrauensarbeitsort. Und er arbeitet viel, ist im Homeoffice wie im Außendienst sehr fleißig und diszipliniert. Erst durch Corona reist er weniger, lebt entschleunigter und genießt es, mehr Zeit für die Familie, sich und die Freunde zu haben.

Holger Zimmermann ist 52 Jahre alt, verheiratet und hat eine Tochter im Grundschulalter. Er ist bei der Firma Microsoft tätig als »Technical Specialist for Security & Compliance« im Bereich Modern Work. Arbeiten im Homeoffice bedeutet nicht zwingend modernes Arbeiten, Modern Work aber heißt, dass Homeoffice möglich ist, und wird bei Microsoft wie folgt definiert: »Sicheres Arbeiten, unabhängig von Ort, Zeit und Gerät.« Holgers Office ist dort, wo sein Smartphone ist.

Sein erstes offizielles Homeoffice bezog er im April 2006. Damals arbeitete er für ein Start-up-Unternehmen in Phoenix, Arizona. Ein Büro gab es in Deutschland dafür nicht, er und seine Kollegen in Berlin, Düsseldorf und Münster arbeiteten daher von zu Hause. Holger ist seitdem im Homeoffice geblieben.

Ins Büro fährt er ganz selten. Seine eigentliche Tätigkeit läuft so, dass er entweder beim Kunden ist oder im Homeoffice, um dort etwas vorzubereiten. Bisher war er zu 40 Prozent zu Hause, die restliche Zeit unterwegs. Diese Reisetätigkeit ist durch Corona erstmals eingeschlafen.

»Man muss es mögen«, sagt Holger. Letztlich könne er sich nicht vorstellen, zu 100 Prozent im Homeoffice zu arbeiten, weil er die Abwechslung und den Kundenkontakt braucht. Er betreut Medienhäuser von ARD bis ZDF, ist von Hamburg und Berlin bis nach Mainz und München in ganz Deutschland unterwegs zu Meetings und Workshops. Holger nennt sich daher auch scherzhaft Kantinen-Tester.

WENIGER STRESS

Holger hat es am eigenen Körper gemerkt, dass er seit sechs Monaten nicht mehr beruflich verreisen musste. Normalerweise stand er zu den unterschiedlichsten Zeiten auf und kam mal um 18 Uhr, mal erst um Mitternacht wieder nach Hause. Dank Corona hat er nun einen geregelten Tagesablauf, regelmäßige Schlafenszeiten und mehr Zeit für Familie, Freunde und Sport. Der Stress ist zurückgegangen, es besteht keine Notwendigkeit mehr, sich abzuhetzen wie früher. »Oder hast du schon mal jemanden gesehen, der am Flughafen langsam läuft?«

Auch die globale Arbeitsmentalität hat sich verändert. Auf einmal erkennen Unternehmen, dass es auch anders geht. Stichwort: Homeoffice. Das Einzige, was ihn am nächsten Karriereschritt gehindert hatte, war das viele Reisen. Das wollte er nicht mehr, weil ihm seine Familie wichtiger war.

Viele Paare gehen einander auf die Nerven, wenn sie plötzlich ins Homeoffice geworfen sind. Doch Holgers Frau kennt es nicht anders. Sie hat höchstens Sorge, dass sie ihn »irgendwann morgens tot am Schreibtisch« findet, weil er so viel arbeitet. Doch auch das hat sich entspannt, wie er sagt, da die langen Reisezeiten entfallen.

VERTRAUENSARBEITSORT

Bei Microsoft gibt es neben der Vertrauensarbeitszeit auch den Vertrauensarbeitsort. Schon vor einigen Jahren haben Unternehmen und Betriebsrat eine rechtlich verbindliche Gesamtbetriebsvereinbarung zum Arbeitsort abgeschlossen. Mitarbeiter dürfen somit nicht nur arbeiten, wann sie wollen, sondern auch, wo sie wollen. Der Anspruch gilt für jeden einzelnen Beschäftigten. In der Firma spricht man von »innovativer Arbeitskultur«, womit man auf die Wünsche und Bedürfnisse der Mitarbeiter reagiert hat.

Das bedeutet, man könnte sogar für eine längere Zeit auf seiner Lieblingsinsel verweilen und von dort aus arbeiten. Es spielt keine Rolle, wo man ist – solange es einen stabilen Internetanschluss gibt.

Holger sieht im Homeoffice überwiegend Vorteile, da man seinen Alltag flexibel gestalten kann. Auch für Menschen mit Handicap, die nicht so mobil sein können, bietet Homeoffice seiner Meinung nach größere Chancen dranzubleiben. Er selbst habe beispielsweise aufgrund eines Muskelfaserrisses einmal den Anschlusszug verpasst, weil er beim Umsteigen die Treppen im Bahnhof nicht so schnell überwinden konnte. Wenn man zu Hause arbeitet, spielt es keine Rolle, ob man im Rollstuhl sitzt, auf Krücken geht, Rheuma oder Gicht hat.

FLURFUNK

Ob es auch Nachteile hat, könne er gar nicht sagen, weil er schon seit 14 Jahren so arbeitet. Die Kollegen im Hintergrund sind ihm sehr wichtig, aber er mag das selbstständige Arbeiten. Allerdings verpasst man den Flurfunk im Unternehmen, der immens wichtig sein kann. Auch der kurze Austausch beim Kaffee fällt weg.

Ob er diszipliniert sei? »Das wäre ich, wenn meine Arbeit bis 17 Uhr getan wäre. Ich verschiebe sie aber gerne mal auf nachts. Mein Manager sagt, ich sei sehr diszipliniert und strukturiert. Er sieht, dass meine Ergebnisse pünktlich morgens um 8 Uhr vorliegen. Ob ich vielleicht erst um 7 Uhr fertig geworden bin, weiß er nicht. Es spielt ja auch keine Rolle. Es gibt ein Abgabedatum und ich setze meine Prioritäten.«

ARBEITSZEITEN

Feste Arbeitszeiten hat Holger zwar nicht, aber verschiedene Phasen über den Tag verteilt. Wenn er sich konzentrieren muss, gibt es eine Fokuszeit. Wenn er etwas programmieren muss, macht er das nachts, denn dann ist er raus aus dem Tagesgeschäft. Wenn er seine Gedanken sortieren oder über Konzepte nachdenken möchte, geht er gerne joggen. Kommt er nach solch einer Runde nach Hause, schreibt er sofort auf, was ihm durch den Kopf gegangen ist. »Das ist ein Vorteil von Homeoffice: Man kann so arbeiten, wie es dem eigenen Biorhythmus entspricht.«

Inzwischen habe er gelernt, ganz klar Nein zu sagen. Früher hätten Kollegen oft von ihm gedacht, der Holger mache es eh. Seit er auch mal etwas ablehne, gehe es ihm viel besser.

HOLGERS TIPPS FÜRS HOMEOFFICE

1. Routinen beibehalten. Von Anfang bis Ende des Arbeitstages. Wenn man früher eine halbe Stunde mit dem Fahrrad zur Arbeit gefahren ist, sollte man dies weiterhin tun und beispielsweise die halbe Stunde durch den Wald radeln. Man sollte vermeiden, direkt vom Bett sich an den Schreibtisch zu setzen bzw. vom Schreibtisch aus ins Bett zu gehen.

2. Feste Pausen einplanen. Wenn seine Tochter um 15 Uhr von der Schule nach Hause kommt, setzt er sich einen Blocker in den Kalender und trinkt mit der Familie Kaffee. In der Mittagspause unbedingt versuchen, auch mal weg vom Schreibtisch zu kommen. Aus dem Haus gehen, joggen, einkaufen, Brötchen holen, zum Briefkasten. Besonders, wenn kein Partner oder Kinder zu Hause sind, sonst bremst einen niemand. Beim Telefonieren auch mal aufstehen, frische Luft schnappen. Sonst geht man unter.

3. To-do-Listen machen, Prioritäten setzen.

4. Fokuszeiten sind ein Muss. Schließlich gibt es immer etwas vor- oder nachzubereiten, zum Beispiel den Tagesablauf, was auch immer.

Warum Digital Detox so wichtig ist

WARUM DIGITAL DETOX SO WICHTIG IST

Unsere technischen Geräte haben uns voll im Griff. Um das Thema Digital Detox kommt heute kaum noch jemand herum. Wenn wir unserem Smartphone eine Pause gönnen, profitiert nicht nur unser Gehirn, sondern auch die Lebensqualität.

Ich bin 1978 geboren und ohne Internet aufgewachsen. Damals hat man noch über Festnetz telefoniert. Mein erstes Handy bekam ich mit knapp 20, den ersten privaten Internetzugang mit 22 Jahren. Auch wenn beides heute wie selbstverständlich zu meinem Alltag dazugehört und ich mein Geld »mit dem Internet« verdiene, so weiß ich doch noch sehr gut, wie das Leben war, als es noch kein Wort für »offline« gab. Für meine Kinder unvorstellbar.

Heute schauen die Deutschen durchschnittlich 53 Mal am Tag auf ihre Smartphones. Die einen deutlich mehr, die anderen dafür weniger. Wir sind so auf das Klingeln, Summen und Blinken konditioniert, dass wir in jeder freien Minute zum Smartphone greifen. Beim Warten auf den Zug, wenn die Nudeln auf dem Herd kochen oder das Kind im Bett liegt.

WAS IST DIGITAL DETOX?

Wir werden ständig mit Informationen, Texten, Bildern und Videos überflutet, kein Wunder, dass wir dauernd gestresst sind. Wenn es einen Zeitdieb gibt, dann ist es ganz klar das Smartphone. Das Kuriose ist, dass es sogar Apps gibt, die den Smartphonegebrauch einschränken helfen. Mir persönlich reicht es, wenn ich für eine gewisse Zeit in den Flugmodus gehe. Wenn man konzentriert arbeiten möchte, ist es am effektivsten, das Internet ganz auszuschalten.

Doch wieso fällt es uns so schwer, den Flugmodus im Handy einzustellen oder den Stecker des Routers zu ziehen? Es gibt einen Namen dafür, warum wir ständig am Bildschirm hängen: Fear of missing out (FOMO) ist die Angst, etwas zu verpassen. Das Smartphone funktioniert wie ein Glücksspielautomat, den wir immer wieder betätigen müssen, um uns den nächsten Kick zu holen.

Wir können es aber schaffen, diese Automatismen zu durchbrechen und auf unsere eigentlichen Bedürfnisse zu achten, statt impulsiv das Smartphone zu zücken. Interessant ist die wöchentliche Meldung der Bildschirmzeiten. Darauf sollte man unbedingt mal einen Blick werfen. Für manche ist es wie der Blick auf die Waage – wenn einem bewusst wird, dass die Zeit für eine digitale Entgiftung gekommen ist.

NICHT ERREICHBAR

Eine Nachricht ist eine Information und kein Notfall! Schreiben Sie sich das auf einen Zettel, den Sie sichtbar auf dem Schreibtisch platzieren. Luxus besteht heutzutage darin, ein Smartphone zu haben, aber nicht immer erreichbar zu sein. Mein Leben ist um einiges leichter geworden, seit ich E-Mails nur noch am Laptop empfangen kann und diese nur zweimal am Tag abrufe.

Noch mehr Entspannung auf dem Smartphone erreicht man so:

» Push-Nachrichten und Mitteilungen ausstellen.

» Feste Zeiten für E-Mails, Nachrichten, Social Media etc. einrichten und einhalten.

» Nicht sofort ans Telefon gehen und zurückrufen.

» Anrufbeantworter aktivieren und den Anrufern die Chance geben, ihr Anliegen aufzusprechen. Dann müssen Sie keine Nachricht hinterherschicken und wissen, wie dringend der Rückruf erwartet wird.

» Eine Whatsapp auch mal ein paar Stunden lang unbeantwortet lassen.

Dass Menschen durch den Umgang mit dem Smartphone in digitalen Stress rutschen, kann durchaus durch Freunde, Familie oder Follower verursacht sein. Das Gefühl, man müsse E-Mails oder Kurznachrichten sofort beantworten, trügt häufig nicht, die Erwartungen sind leider oft hoch. Aber lassen Sie es einfach mal darauf ankommen! Folgen Sie nicht dem Druck und antworten Sie dann, wenn Sie wirklich Zeit dafür haben.

Was kann schon schlimmstenfalls passieren! Denken Sie immer daran: Niemand ist so wichtig, dass er jederzeit erreichbar sein muss. Es sei denn, Sie sind Notarzt.

SMARTPHONE-FREIE ZONE

So gemütlich es auch ist, im Bett fernzusehen oder am Laptop zu hängen: Digitale Geräte haben im Schlafzimmer nichts zu suchen. Studien zeigen, dass der Schlaf weniger erholsam ist, wenn man die Geräte vor dem Schlafen nutzt oder sie nachts blinken. Erklären Sie diesen Raum zur technikfreien Zone. Wenn Sie gern auf dem iPad noch Netflix gucken, dann machen Sie aber eine halbe Stunde vor dem Schlafen Schluss damit.

Wer den Wecker des Smartphones benutzt, der sollte auf einen analogen Wecker umsteigen. Das verhindert, dass sich das Smartphone doch wieder ins Schlafzimmer einschleicht und dazu verführt, schon die ersten Minuten des Morgens damit zu verbringen. Eine Smartphone-freie Morgenroutine sorgt für einen entspannteren Start in den Tag.

OFFLINETAG

Wie gefällt Ihnen die Vorstellung, sich bewusst einen Tag lang digitalfrei zu nehmen? Bereitet Ihnen das ein ungutes Gefühl? Wenn ja, dann wird es dringend Zeit, der Suchtgefahr vorzubeugen. Nehmen Sie sich bewusst einen Tag, am besten am Wochenende, und bleiben Sie offline. Genießen Sie den Tag mit Freunden, der Familie, lesen Sie ein gutes Buch, gehen Sie hinaus in die Natur oder treiben Sie Sport und staunen Sie, wie gut es Ihnen am Abend danach geht und wie erfüllt der Tag war.

Eine Stunde nach dem Aufwachen und eine Stunde vor dem Schlafengehen sollte man es vermeiden, E-Mails und soziale Medien zu checken. Die Welt geht nicht unter, wenn man nicht rund um die Uhr erreichbar ist.

KURZ UND KNAPP

» Deaktivieren Sie Benachrichtigungen und Push-Mitteilungen. Legen Sie einen Zeitpunkt fest, an dem Sie E-Mails, SMS und Social Media checken. Das Smartphone lässt sich so einrichten, dass man nur von bestimmten Personen erreichbar ist.

» Das Schlafzimmer zur technikfreien Zone erklären.

» Das Smartphone bewusst vom Tisch legen, wenn Sie Zeit mit der Familie oder mit Freunden verbringen. Gehen Sie als gutes Vorbild voran und machen Sie Menschen, nicht das Smartphone zur Priorität.

» Planen Sie einen regelmäßigen Offlinetag ein.

MOBIL, FLEXIBEL, DIGITAL

Maike ist so gut organisiert, dass sie das Homeoffice genießen kann. Sie hat alle technischen Voraussetzungen geschaffen, um mit wenig Aufwand zwischen beruflich und privat switchen zu können.

Maike Kranaster ist 48 Jahre alt und Beamtin in der Stadtverwaltung Dortmund. Sie arbeitet in der Wirtschaftsförderung und kümmert sich um die»Digitale Woche«, die alljährlich im November stattfindet. Zu dem großen Event bieten zahlreiche Unternehmen und Institutionen aus Dortmund verschiedene Veranstaltungen zu digitalen Themen an. 2020 fand die »#diwodo« zum vierten Mal statt und war auf knapp 200 Veranstaltungen angewachsen. Dieses Projekt »von der digitalen Community – für die digitale Community« macht Maike viel Spaß, sie koordiniert die Veranstaltungen und kümmert sich um das Marketing.

Eigentlich sitzen sie und ihre Kollegen im Büro. Im Projektmanagement ist Maike jedoch auch oft mit Laptop und Smartphone unterwegs zu Messen oder Partnern. Sie ist organisiert und durchstrukturiert, ihr gefällt das Arbeiten im Homeoffice an sich gut. Für ihre Arbeitgeberin, die Stadt Dortmund, hatte sie allerdings nicht von zu Hause aus gearbeitet, bis Corona kam.

Sondern sie war lange Zeit nebenberuflich selbstständig gewesen. Diese Tätigkeit hatte sie im Herbst 2019 aufgegeben und in dem Zuge alles abgebaut und verkauft: Schreibtisch, Computer, Zubehör. Im März 2020 musste sie alles wieder anschaffen.

Seit Maike ihren Blog »flowers-and-candies.de« schreibt, ist sie geübt darin, mal am Schreibtisch, mal auf dem Sofa zu arbeiten.

VOM GROSSRAUMBÜRO INS HOMEOFFICE

Zu Jahresbeginn 2020 war die Wirtschaftsförderung in Großraumbüros umgezogen, was sich bald darauf im Frühjahr als etwas unglücklich erwies. Wegen Corona durften immer nur 40 Prozent der Beschäftigten vor Ort sein, die anderen wurden ins Homeoffice geschickt. Weil einige Kollegen ungern von zu Hause aus arbeiten, glich sich das mit Menschen wie Maike aus, die das Homeoffice genießen und deshalb relativ selten ins Büro kamen.

Die Tele- oder Heimarbeit war früher streng reglementiert, bis 2020 eine neue Lösung kam: Auch unabhängig von Corona sind jetzt bis zu 50 Prozent Telearbeit bzw. mobiles Arbeiten möglich. Auch die rechtlichen Unterschiede werden dabei beachtet.

TAGESABLAUF

Maike hat viele Termine und Videocalls, daher handhabt sie ihre Arbeitszeit relativ flexibel. Ohnehin genießt sie das Glück der Gleitzeit. Ihr Wecker klingelt um 6 Uhr. Erst einmal macht sie sich einen Kaffee, um langsam munter zu werden. Dann kümmert sie sich um ihre eigenen Sachen, die ihr wichtig sind, um entspannt in den Tag zu starten: etwas lesen, einen Blogartikel schreiben, Yoga, den Sonnenaufgang beobachten. Zwischen 8 und 9 Uhr beginnt sie zu arbeiten.

Die Bürotätigkeit erledigt Maike hauptsächlich von ihrem Esstisch aus. Dafür hat sie sich mit einem Schreibtischstuhl und einem Monitor ausgerüstet. Maikes Vorteil ist, dass sie von Anfang an darauf geachtet hatte, alles zu digitalisieren. Somit hat sie keine Akten, die in ihrer Wohnung Platz einnehmen könnten. Kurz hatte sie überlegt, wieder einen Schreibtisch zu kaufen, doch dann wurde ihr bewusst, dass der schönste Platz in ihrer Wohnung der große Esstisch ist. Aus diesem Grund hat sie es für sich mobil geregelt: Zum Feierabend legt sie alles in einen Korb, stellt den Monitor an die Seite und lüftet einmal durch. So fällt der Wechsel zwischen beruflich und privat leichter. Auch das Handy wird leise gestellt, denn es ist Feierabend.

AUSGLEICH

Den Ausgleich zum Job bildet ihre entspannte Morgenroutine. Eine geregelte Mittagspause hingegen gelingt aufgrund von Telefonkonferenzen oft weniger gut, das würde sie gerne noch verbessern. Allerdings hat das nichts mit dem Homeoffice zu tun, im Büro kann das genauso passieren.

Maike hat eine Liste mit Sachen, die sie gerne macht, die ihr guttun. Oft vergisst man so etwas und fragt sich: Was war das eigentlich, wonach es mir so gut ging? Wenn sie zum Feierabend oder am Wochenende auf diese Liste schaut, hilft ihr das, die freie Zeit besser zu nutzen und zu genießen.

MAIKES TIPPS FÜR DAS HOMEOFFICE

1. Die Technik ist wichtig. Am besten lässt man sich einmal im Büro von Leuten, die sich damit auskennen, zeigen, wie es geht. Denn oft ist es umständlich, sich online oder telefonisch in komplizierte Abläufe einweisen zu lassen.

2. Das Homeoffice spielerisch ausprobieren. Jeder muss für sich selbst herausfinden, was zu ihm passt. Es braucht Zeit, um sich einzugrooven. Beobachten, was gut läuft, was sich ändern muss. Auch mal andere Leute fragen, wie sie es handhaben. Wenn man sich damit auseinandersetzt und offen bleibt, wird man erkennen, was gut für einen ist und was nicht und wo etwas neu strukturiert werden kann.

3. Nicht zu hohe Erwartungen haben.

Für und Wider auf einen Blick

FÜR UND WIDER AUF EINEN BLICK

Das Homeoffice hat viele Vorteile. Sie liegen klar auf der Hand und doch muss man sie sich hin und wieder vor Augen halten, besonders dann, wenn man mal einen Durchhänger hat. Atmen Sie einmal tief durch und machen Sie sich die Vorteile bewusst.

DIE VORZÜGE

ZEITERSPARNIS

Während sich die Kollegen im Büro am kollektiven Rushhour-Wahnsinn beteiligen, kann man sich noch einmal genüsslich strecken und langsam wach werden. Die Fahrt in vollen Bussen und Bahnen oder das Stehen im Stau mit anschließender nerviger Parkplatzsuche entfällt. Im Homeoffice spart man sowohl Geld für Benzin als auch Lebenszeit. Je nach Arbeitsweg kommen da einige gewonnene Stunden pro Woche zusammen.

FLEXIBILITÄT

Der Arzttermin um 11 Uhr und der angekündigte Handwerker, der keine konkrete Zeit genannt hat, lassen sich besser mit der Arbeit koordinieren. Wichtig ist nur, dass bis zum Feierabend das Pensum erfüllt wird. Herausforderung: Je nach Gepflogenheit des Arbeitgebers müssen private Termine kurz abgesprochen werden. Klare Ansagen verhindern Gerede.

WORK-LIFE-BALANCE

Die Kinderbetreuung hat Schließzeit, der Wintergarten sieht verlockend aus oder der Hund braucht Gesellschaft? Die Kinder sind zu groß für den Hort, sollen aber nicht den ganzen Nachmittag allein zu Hause sein? Das Homeoffice bietet die perfekte Grundlage für eine gute Work-Life-Balance. Das führt nicht zuletzt dazu, dass viele Eltern mit der Möglichkeit zum Homeoffice früher aus der Elternzeit zurückkehren.

Herausforderung: Natürlich kommt es auf den Wortteil Balance an: Das (Privat-)Leben darf nicht überhandnehmen. Wenn der Nachwuchs alle zehn Minuten Aufmerksamkeit fordert oder

der Partner viel Redebedarf hat, kommt man zu gar nichts. Konzentrationsphasen und vor allem -möglichkeiten sind auch zu Hause Pflicht.

STRESSREDUKTION

Es kann angenehm sein, wenn der Kollege nicht ständig seine Witze reißt, nicht ewig das Telefon klingelt und man nicht dauernd Angst haben muss, zu spät zu kommen – zur Arbeit, zum Termin, zum Meeting. Wenn einem nicht permanent der Chef über die Schulter schaut und der Krach im Großraumbüro an den Nerven zerrt. Somit stellt das heimische Büro eine effektive Burn-out-Prävention dar.

Herausforderung: allerdings nur, wenn man nicht im Gegenzug rund um die Uhr erreichbar sein muss oder das Telefon alle zwei Minuten in der eigenen Wohnung klingelt.

BIORHYTHMUS

Ein großer Vorteil besteht darin, dass man seine Arbeitszeiten dem persönlichen Rhythmus anpassen kann. »Nachteulen« werden am späten Abend produktiv, während »Early Birds« lieber die frühen Morgenstunden nutzen. Diese Unterschiede sind wissenschaftlich belegt. Ob man von Natur aus früher oder später müde wird, einschläft und aufwacht, ist zum Teil genetisch bestimmt. Auch die Produktivitäts- und Tiefphasen des Tages sind entsprechend von Mensch zu Mensch verschieden. Wer seinem Biorhythmus folgen kann, arbeitet meist effizienter und liefert schnellere bzw. bessere Ergebnisse.

Herausforderung: Wenn man lernt, auf seine innere Uhr zu achten, kann das helfen, den Tag besser zu strukturieren. Wer seine Tageszeiten kennt, wann der Konzentrationsmangel droht, kann diese Phasen für erholsame Pausen nutzen.

KOSTENERSPARNIS

Arbeiten kostet – nicht nur den Arbeitgeber. Tägliche Fahrten, Kleidungs- und Reinigungskosten, Kantinenessen oder der Pausenkaffee mit den Kollegen gehen auf Dauer ins Geld. Das kann auch die Pendlerpauschale in der Steuererklärung nicht herausreißen. Im Homeoffice fallen diese Kosten nicht an.

Herausforderung: Wenn man allerdings extra für das Heimbüro eine größere Wohnung braucht, hat sich das Plus in der Geldbörse wieder erledigt. Es sei denn, man verhandelt noch einmal nach, weil der Arbeitgeber ja diverse Arbeitsplatzkosten einspart.

DIE HERAUSFORDERUNGEN

Machen wir uns nichts vor: Es gibt immer zwei Seiten der Medaille und somit birgt das Homeoffice auch gewisse Nachteile. Wenn man sich darüber im Klaren ist, kann man besser damit umgehen und im Idealfall rechtzeitig gegensteuern.

VEREINSAMUNG

Wer den täglichen Austausch in der Kaffeeküche, die kurze Absprache mit dem Kollegen am Nebentisch oder die Inspiration von einem motivierenden Team braucht, hat im Homeoffice schlechte Karten. Auch der Flurfunk, über den man so einiges über Hintergründe, Strategien und Entwicklungen erfährt, fällt weg. Gelegentliche Abstimmungstelefonate oder Videomeetings können das nicht ersetzen. Bei aller Ruhe zum Arbeiten: Homeoffice begünstigt das Vereinsamen.

Was tun? Ideal ist es deshalb, wenn man zwei bis drei Tage zu Hause verbringen kann, um den Rest der Zeit im Team zu verbringen.

ABLENKUNG

Das Kind schreit, der Nachbar oder Hausmeister hat den Laubsauger angeschmissen, Postdienste und Paketboten geben sich die Klinke in die Hand, das Internet steht allzeit bereit,

Angehörige und Freunde kommen spontan vorbei, weil man ja zu Hause ist. Der Ablenkungsfaktor im Homeoffice ist nicht zu unterschätzen. Wenn man sich selbst keine klaren Regeln setzt, tut es niemand. Das kann sich negativ auf die Ergebnisse und die Produktivität auswirken.

Also gilt: Zeiten definieren und einhalten, Freunde auch mal vertrösten und den Nachbarn klarmachen, dass man gerne mal ein Paket entgegennimmt, jedoch nicht die Postzentrale ersetzen möchte.

FEHLENDE MOTIVATION

Wenn das Team fehlt, das einen mitzieht; wenn man glaubt, noch ewig Zeit zu haben und es deswegen nicht so darauf ankommt, wann man anfängt; wenn man die Ergebnisse kaum sieht und wenig Rückmeldung erhält, weil der Blick fürs große Ganze fehlt – dann schwindet irgendwann die Motivation. Soziale Kontrolle durch Kollegen kann nerven, aber auch beflügeln: Teamgeist eben.

Was kann helfen? Disziplin, Kontaktpflege zu Kollegen und regelmäßiges Feedback. Und obwohl es niemand sieht: raus aus der Jogginghose, rein in die Business-Klamotten! Selbst zu Hause: Manch einem verhilft das zu einer professionelleren Haltung.

VERMISCHUNG VON BERUF UND PRIVATEM

Die Unterlagen liegen in der gesamten Wohnung verstreut, nach 19 Uhr kommen noch Anrufe von Kunden? Am gemütlichen Fernsehabend kreisen die Gedanken weiter um den Job? Wer im privaten Umfeld arbeitet, läuft Gefahr, keine klaren Grenzen zu ziehen – weder anderen noch sich selbst gegenüber.

Gerade im Homeoffice braucht man einen definierten Feierabend und einen festen Platz zum Arbeiten. Ideen und Anregungen dazu liefert das vorliegende Buch hoffentlich in Hülle und Fülle.

WENIG BEWEGUNG

Wenn man nicht gerade einen Hund oder Kinder hat, die einen dazu bringen, mindestens einmal am Tag an die frische Luft zu kommen, droht die ungesunde Stubenhockerei.

Die Herausforderung besteht darin, dass man sich selber aktiviert. Sportmediziner fanden heraus, dass Grundbewegungen wie Schaukeln, Drehen, Wippen oder Balancieren unser Wohlbefinden steigern, weil sie Geist und Körper entspannen und regenerieren. Bewegungen, die sich auch im Homeoffice gut zwischendurch einbauen lassen. Kann doch eigentlich nicht so schwer sein, oder?

KEINE KANTINE

Sitzt man im Homeoffice, kann es durchaus passieren, dass man den Vorzug der Kantine vermisst. Oder das kleine Restaurant mit der wechselnden Mittagskarte um die Ecke. Auf der einen Seite kann es eine Kostenersparnis sein, auf der anderen Seite ist es eine Herausforderung für die Menschen, die nicht gerne für sich allein kochen. Dass es keine gute Idee ist, mal eben ein Sandwich zu verschlingen, während man auf den Bildschirm starrt, leuchtet sicher ein. Und doch ist die schnelle Lösung für den Augenblick verführerisch.

Wie im Kapitel zur Achtsamkeit am Arbeitsplatz ausgeführt, gilt auch für den kleinen Mittagsimbiss: Für mindestens 10 bis 15 Minuten vom Arbeitsplatz aufzustehen und eine Mahlzeit ohne jede Ablenkung zu sich zu nehmen, sollte für jeden drin sein. Diese langsam und mit allen Sinnen zu genießen, bedeutet, zur Ruhe zu kommen.

Vorschlag: Schreiben Sie sich für 14 Tage einen Plan und sammeln Sie einfache, aber ausgewogene Rezepte, die keine komplizierten Einkäufe erfordern. Diese Menüplanung erleichtert den Arbeitsalltag im Homeoffice und kann beliebig ergänzt werden.

Endlich Feierabend!

ENDLICH FEIERABEND!

Im Homeoffice ist es sehr viel schwieriger, den Arbeitsalltag hinter sich zu lassen, als im klassischen Büro, da man quasi im Büro lebt. Abschalten ist eine der großen Herausforderungen und feste Arbeitszeiten sind enorm wichtig.

ARBEITSZEITEN

Viele Unternehmen haben die Sorge, dass Mitarbeiter zu Hause zu wenig arbeiten könnten, doch häufig ist das Gegenteil der Fall. Statt zu wenig arbeitet man oft zu viel. Hat man in der Firma feste Arbeitszeiten, so sollten diese auch zu Hause konsequent beibehalten werden.

Wenn man nicht alleine wohnt, sollte die Arbeitszeit mit Partnern oder Familienmitgliedern abgesprochen werden, um nicht gestört zu werden. Lassen Sie die normale Routine nicht aus. Frühstücken Sie ausgewogen und ziehen Sie sich etwas Vernünftiges an, um für jede Videokonferenz gewappnet zu sein. Auch wenn es schwerfällt: Strukturieren Sie Ihren Tag und halten Sie die Mittagspause genauso ein wie den Feierabend.

Pausen sind erlaubt, sind sogar ein Muss, denn nur so erhalten wir unsere Leistungsfähigkeit. Also unbedingt auch die Auszeiten fix einplanen und die Arbeit nach spätestens 90 Minuten unterbrechen, um die Beine zu vertreten, frische Luft zu schnappen oder etwas zu trinken.

ENTSPANNUNG

Um den Gedanken auch mal eine Pause zu gönnen, ist es wichtig, den Feierabend wirklich zu genießen. Es gibt verschiedene Wege zur Entspannung, zum Beispiel ein Bad, Meditation, Sport, eine Verabredung mit guten Freunden oder einen Spaziergang durch die Nachbarschaft. Hauptsache ist, dass wir komplett abschalten, denn das Gehirn funktioniert wie ein Muskel: Wer anspannt, muss anschließend entspannen, um vollständig zu regenerieren.

In unserer digitalisierten Welt, in der es dank Smartphone, Notebook und schnellem Internet jederzeit möglich ist zu arbeiten, scheint alles andere wichtiger, als zu entspannen. Ein Fehler.

Machen Sie sich klar, dass Sie die Erholung am Feierabend brauchen, um am nächsten Tag wieder leistungsfähig zu sein. Für viele ist das einfacher gesagt als umgesetzt, deshalb kommen hier ein paar Tipps, die in der Umsetzung helfen können.

ABSCHALTEN

Schon kleine Dinge helfen, die Arbeit hinter sich zu lassen. Zum Beispiel: den Bürostuhl an den Schreibtisch schieben. Damit setzen Sie ein bewusstes Zeichen, dass die Arbeit nun vorbei ist und anderes ansteht. Ein Ritual, das den Übergang markiert. Räumen Sie den Schreibtisch leer und reinigen Sie bei Bedarf die Tischplatte. Hinterlassen Sie den Arbeitsplatz so, wie Sie ihn am nächsten Morgen vorfinden möchten.

HERUNTERKOMMEN

Wer vom Homeoffice in die Küche oder ins Wohnzimmer wechselt, wird vielleicht nicht sofort die Arbeit aus dem Kopf bekommen. Um die Gedanken an den Job loszulassen, helfen Rituale. Am besten plant man eine halbe Stunde zum Herunterkommen ein. In dieser Zeit kann man joggen, ein Buch lesen oder eine Runde mit dem Hund gehen. Finden Sie selbst heraus, wie Sie am besten entspannen können. Manche sehnen sich nach Stille und wollen in Ruhe im Garten sitzen, andere brauchen zum Ausgleich für die Schreibtischhaltung körperliche Action und erholen sich beispielsweise beim Mountainbiken im Wald. Die Hauptsache ist, dass man etwas macht, das von der Arbeit ablenkt und guttut.

STOPP SAGEN

Entspannung ist auch eine Haltungsfrage. Kommen Gedanken an den Job auf, sollte man sich bemühen, innerlich Stopp zu sagen und diese beiseitezuschieben. Konzentrieren Sie sich immer wieder auf das Jetzt. Hilfreich ist ein Braindump, wie im entsprechenden Kapitel beschrieben. Oft genügt auch schon eine zehnminütige Meditation, um den Geist zu beruhigen.

GESPRÄCHE FÜHREN

Es wirkt stressmindernd, wenn Berufstätige sozial eingebunden sind, wenn sie mit der Familie oder Freunden über ihre Probleme reden können. Es hilft beim Abschalten, wenn man sich beim Abendessen mit dem Partner über die Arbeit austauschen kann. Wer alleine lebt und das Gefühl hat, im Homeoffice zu vereinsamen, sollte erst recht gezielt nach Kontakten suchen.

SMARTPHONE AUS

Endlich Feierabend bedeutet auch: Rechner und Handy ausschalten! Feierabend funktioniert nur, wenn man keine geschäftlichen E-Mails mehr an sich heranlässt. Es empfiehlt sich, dienstliche und private Kommunikation über zwei verschiedene Geräte laufen zu lassen. Klappt nicht so gut? Dann lesen Sie noch einmal das Kapitel zu Digital Detox.

ACHTSAMKEIT TRAINIEREN

Wir laufen oft auf einer viel zu hohen Drehzahl und müssen es lernen abzubremsen, herunterzuschalten und eine Weile mal nichts zu tun. Uns fehlen oft die Gelassenheit und die Konzentration, wir sind nicht in der Gegenwart, sondern gedanklich immer schon bei der nächsten Aufgabe. Kurzmeditationen ohne spirituellen Bezug bilden dabei eine gute Hilfe: hinsetzen und zur Ruhe kommen, den Atemrhythmus und den Puls beobachten. Bereits 15 Minuten innere Konzentration am Tag sind genug, ob am Schreibtisch oder in der Mittagspause.

MORGENROUTINE

Die Basis für einen entspannten, erfolgreichen Tag und einen erholsamen Feierabend legen wir bereits am Morgen: Wer sich gleich nach dem Aufstehen Zeit nimmt für das, was ihm guttut und Freude bereitet, wird stressresistenter, gelassener und glücklicher. Und hier schließt sich der Kreis. Im Grunde genommen ist es also ganz einfach, besser im Homeoffice zu arbeiten. Ordnung und Struktur gehören dazu, aber auch die richtige Einstellung und die nötige Gelassenheit, auch in stressigen Zeiten die Ruhe zu bewahren.

DIE AUTORIN

Denise Colquhoun, 1978 in Münster geboren, ist Ordnungsexpertin und Bloggerin unter dem Namen »Fräulein Ordnung«. Nachdem sie als Chefsekretärin Ordnungssysteme kennen- und lieben gelernt hat, hilft sie heute Menschen, schöner zu wohnen und sich von unnötigem Ballast zu befreien. Über Ordnung hat die Mutter von drei Kindern bereits erfolgreich mehrere Bücher verfasst.

BILDNACHWEIS

Innenteil: Seite 2, 18, 23, 36, 37, 38 unten rechts, 101, 126: shutterstock.com/Photographee.eu; Seite 6, 38 oben links: shutterstock.com/best pixels; Seite 8: shutterstock.com/Elina Sitnikova; Seite 9: shutterstock.com/ElenaVlasova7; Seite 10/11: shutterstock.com/ThomBal; Seite 12: shutterstock.com/suwijaknook6644689; Seite 14/15: shutterstock.com/Rusya007; Seite 19: shutterstock.com/FREEPIK2, Seite 20: shutterstock.com/Elena Mitusova; Seite 25: shutterstock.com/Mariia Boiko; Seite 26/27: shutterstock.com/biletskiyevgeniy.com; Seite 28: Bayernglas; Seite 29/30: Kristin Hudler; Seite 32/33: shutterstock.com/Montest'studio; Seite 37: shutterstock.com; Seite 39: shutterstock.com/horiyan; Seite 40: shutterstock.com/Anna Fevraleva; Seite 41: shutterstock.com/BONNINSTUDIO; Seite 42, 44, 45: Maike Schauerte; Seite 48: shutterstock.com/Jack Frog; Seite 49: shutterstock.com/Africa Studio; Seite 50: shutterstock.com/Chris Rinckes; Seite 51: shutterstock.com/V_L; Seite 54: shutterstock.com/faithie; Seite 56: shutterstock.com/Stokkete; Seite 57: shutterstock.com/one photo; Seite 58: shutterstock.com/ds_vector; Seite 60, 62, 63: Tobias Dahlhaus; Seite 66, 76, 81, 124, 149, 150: shutterstock.com/fizkes; Seite 68/69: shutterstock.com/clkraus; Seite 70: shutterstock.com/LightField Studios; Seite 72/73: shutterstock.com/pernsanitfoto; Seite 77: shutterstock.com/ra2 studio; Seite 78: shutterstock.com/Mangostar; Seite 79: shutterstock.com/ChristianChan; Seite 84: shutterstock.com/NicoElNino; Seite 85: shutterstock.com/JustinShep; Seite 86/87: shutterstock.com/wk1003mike; Seite 88, 90: shutterstock.com/pathdoc; Seite 89: shutterstock.com/nampix; Seite 91: shutterstock.com/Malivan_Iuliia; Seite 92, 93, 94, 95: Lisa Nieschlag; Seite 98: shutterstock.com/Boophuket; Seite 99: shutterstock.com/Regina Foster; Seite 100: shutterstock.com/eldar nurkovic; Seite 103: shutterstock.com/Stuart Jenner; Seite 104–109: Nici Schwab; Seite 112, 113: shutterstock.com/ESB Professional; Seite 114: shutterstock.com/canbedone; Seite 118: shutterstock.com/UfaBizPhoto; Seite 121: shutterstock.com/MiniStocker; Seite 127: shutterstock.com/RaulRuiz; Seite 128–131: Holger Zimmermann; Seite 134: shutterstock.com/franz12; Seite 135: shutterstock.com/Daria Minaeva; Seite 136: shutterstock.com/Nesolenaya Alexandra; Seite 137: shutterstock.com/jajam_e; Seite 138: shutterstock.com/DimaBerlin; Seite 139: shutterstock.com/Frank Gaertner; Seite 140: Lutz Kampert; Seite 141, 143: Maike Kranaster; Seite 146: shutterstock.com/FrankHH; Seite 147: shutterstock.com/anythings; Seite 148: shutterstock.com/Dmytro Zinkevych; Seite 154: shutterstock.com/DimaBerlin; Seite 155: shutterstock.com/Breslavtsev Oleg; Seite 156: shutterstock.com/VadosLoginov

IMPRESSUM

Verantwortlich: Sonya Mayer
Texte: Denise Colquhoun
Redaktion: Una Giesecke
Fotografie: siehe Bildnachweis
Umschlaggestaltung: Nina Andritzky, unter Verwendung von Bildern von Shutterstock / Photographee.eu
Layout: Marcus Taeschner, a flock of sheep
Repro: LUDWIG:media
Korrektorat: Judith Bingel
Herstellung: Anna Katavic

Printed in Slovenia by Florjancic

Unser komplettes Programm finden Sie unter:

www.christian-verlag.de

Die Deutsche Nationalbibliothek verzeichnet diese Publikation in der Deutschen Nationalbibliografie; detaillierte bibliografische Daten sind im Internet über http://dnb.d-nb.de abrufbar.

ISBN 978-3-95961-531-0

★★★★★

Sind Sie mit diesem Titel zufrieden? Dann würden wir uns über Ihre Weiterempfehlung freuen.
Erzählen Sie es im Freundeskreis, berichten Sie Ihrem Buchhändler oder bewerten Sie bei Onlinekauf. Und wenn Sie Kritik, Korrekturen, Aktualisierungen haben, freuen wir uns über Ihre Nachricht an:

Christian Verlag
Postfach 40 02 09, D-80702 München
oder per E-Mail an lektorat@verlagshaus.de

Ich hoffe, Sie konnten einiges an Inspiration und Motivation für sich aus diesem Buch ziehen und können die Zeit in Ihrem Homeoffice genießen. Lassen Sie es sich gut gehen und bleiben Sie gesund!

Denise Colquhoun

DANKE AN

... meine Familie, besonders an meine Kinder Zoé und John, denen ich mehrfach versprochen habe, kein weiteres Buch mehr zu schreiben. Und es dann doch wieder getan habe
... meine Tochter Paula, die mein Autorenfoto
gemacht hat
... Marc, der mir seine Küche zur Verfügung gestellt
hat und mich immer mit Kaffee und Liebe versorgt
... Yvonne, die immer an mich glaubt
... alle Interview-Teilnehmer, die mir Rede und Antwort gestanden haben. Ohne Euch würde diesem Buch etwas fehlen!

Ebenfalls erhältlich ...

ISBN 978-3-95961-190-9

ISBN 978-3-95961-284-5

ISBN 978-3-95961-370-5

ISBN 978-3-95961-399-6